高职高专"十二五"规划教材

机电一体化技术及训练

主　编　杨　玻
副主编　苟在彦
主　审　华建慧　蒋祖信

U0314691

北　京
冶金工业出版社
2015

内 容 提 要

　　本教材主要依照现代企业实际工作岗位的具体要求，同时参照国家相关职业技能标准，以项目教学方式设 6 个学习情境，内容分别是自动化生产线认知；供料单元的安装与调试；加工单元的安装与调试；装配单元的安装与调试；分拣单元的安装与调试；输送单元的安装与调试。

　　本教材内容新颖、取材合理；难度适宜、详略恰当；通俗易懂、理论联系实际，充分反映了职教特色、行业特点和时代特征，可作为高职高专、成人高校等机电类专业群有关设备使用与维护的必修课教材，或相关专业的选修课教材；同时，也可供工矿企业从事设备安装、调试、使用、维护、诊断、检修及管理等工作的技术工人、区域工程师及设备管理人员参考或作为培训教材。

图书在版编目（CIP）数据

　　机电一体化技术及训练/杨玻主编. —北京：冶金工业
出版社，2015.7
　　高职高专"十二五"规划教材
　　ISBN 978-7-5024-6995-5

　　Ⅰ.①机… Ⅱ.①杨… Ⅲ.①机电一体化—高等职业
教育—教材 Ⅳ.①TH-39

　　中国版本图书馆 CIP 数据核字（2015）第 158084 号

出 版 人　谭学余
地　　　址　北京市东城区嵩祝院北巷 39 号　邮编　100009　电话　（010）64027926
网　　　址　www.cnmip.com.cn　电子信箱　yjcbs@cnmip.com.cn
责任编辑　俞跃春　常国平　美术编辑　彭子赫　版式设计　葛新霞
责任校对　卿文春　责任印制　李玉山
ISBN 978-7-5024-6995-5
冶金工业出版社出版发行；各地新华书店经销；固安华明印业有限公司印刷
2015 年 7 月第 1 版，2015 年 7 月第 1 次印刷
787mm×1092mm　1/16；12.25 印张；294 千字；188 页
29.00 元
冶金工业出版社　投稿电话　（010）64027932　投稿信箱　tougao@cnmip.com.cn
冶金工业出版社营销中心　电话　（010）64044283　传真　（010）64027893
冶金书店　地址　北京市东四西大街 46 号（100010）　电话　（010）65289081（兼传真）
冶金工业出版社天猫旗舰店　yjgycbs.tmall.com
　　　　　　（本书如有印装质量问题，本社营销中心负责退换）

前　言

　　"机电一体化技术及训练"是机电一体化专业的一门专业必修课，是以学生职业能力培养和职业素养养成为重点的一门集理论、实践一体化的课程。课程教学体系基于理实一体化构建，整个教学体系着眼于以技术应用为主、以能力培养为核心的高职高专人才培养目标；以强化实践教学、加强基本技能与综合素质培养为切入点，突破以课堂教学为主的传统教学模式，采用理论与实践的互动、教师与学生的互动教学模式。在教、学、做过程中，将理论有机地贯穿于实践教学过程中，让理论知识与实际应用一一对应，使学生在掌握必要的理论知识、实践技能的同时，能够对机电一体化设备进行分析、安装、调试及维护，具备分析排除机电一体化设备故障、对机电一体化设备进行更新改造的能力。

　　本书内容尽量遵循循序渐进的认识规律，整个学习过程是遵循从"初学者到行家"的职业成长规律来确定学习情境的。全书共分6个学习情境：学习情境1为自动化生产线认知，学习情境2为供料单元的安装与调试，学习情境3为加工单元的安装与调试，学习情境4为装配单元的安装与调试，学习情境5为分拣单元的安装与调试，学习情境6为输送单元的安装与调试。

　　本书可作为高职高专、中职中专院校机电、电气自动化等专业相关课程的教材，也可作为应用型本科、职业技能竞赛有关工业自动化技术专业的教材，还可作为相关工程技术人员研究自动化生产线的参考书。

　　本书由杨玻担任主编、苟在彦副教授担任副主编，四川机电职业技术学院华建慧副教授、蒋祖信副教授担任主审。参加编写工作的有四川机电职业技术学院汪娜（编写学习情境1）、焦莉（编写学习情境2）、杨玻（编写学习情境3、4）、曹金龙（编写学习情境5）、苟在彦（编写学习情境6），全书由杨玻统稿。在编写过程中，攀钢轨梁厂的高级技师李强、攀钢冷轧厂的液压点检员邹跃云等给予了大量的指导和帮助，同时也参考了多种相关书籍、资料，在此表示由衷的感谢。

　　由于水平所限，书中不妥之处，恳请读者批评指正。

编　者

2015 年 3 月

目 录

学习情境 1　自动化生产线认知

【学习目标】

（1）知识目标：自动化生产线的认知，了解自动送生产线及其应用。

（2）能力目标：能区分自动化生产线各组成部分，掌握各组成部分作用。

（3）素养目标：

1）培养学生对本专业实际工作的兴趣和热爱。正所谓：兴趣是学习的最大动力。

2）训练学生自主学习、终身学习的意识和能力。正所谓：授人以鱼，不如授之以渔。

3）培养学生理论联系实际的严谨作风，建立用科学的手段去发现问题、分析问题、解决问题的一般思路。

4）培养学生刻苦钻研、勇于拼搏的精神和敢于承担责任的勇气。

5）促使学生建立正确的人生观、世界观，树立一个良好的职业心态，增强面对事业挫折的能力。

6）解放思想、启发思维，培养学生勇于创新的精神。

【任务引入】

自动化生产线的任务就是为了实现自动生产，如何才能达到这一要求呢？

【任务描述】

自动化生产线综合应用机械技术、控制技术、传感技术、驱动技术、网络技术、人机接口技术等，通过一些辅助装置按工艺顺序将各种机械加工装置连成一体，并控制液压、气压和电气系统将各个部分动作联系起来，完成预定的生产加工任务。自动化生产线所涉及的技术领域是很广泛的，所以它的发展、完善是与各种相关技术的进步相互渗透相连的，因而与整个支持自动生产线有关技术的发展联系起来，才能实现自动生产。

【知识准备】

1.1　了解自动化生产线及应用

1.1.1　了解自动化生产线

自动化生产线是现代工业的生命线，机械制造、电子信息、石油化工、轻工纺织、食品制药、汽车生产以及军工业等现代化工业的发展都离不开自动化生产线的主导和支撑作用，其对整个工业及其他领域也有着重要的地位和作用。自动化生产线是在流水线和自动化专机的功能基础上逐渐发展形成的自动工作的机电一体化的装置系统。

通过自动化输送及其他辅助装置，按照特定的生产流程，将各种自动化专机连接成一体，并通过气动、液压、电机、传感器和电气控制系统使各部分的动作联系起来，使整个系统按照规定的程序自动工作，连续、稳定地生产出符合技术要求的特定产品。要求在装卸工件、定位夹紧、工件在工序间的输送、工件的分拣甚至包装等都能自动地进行，使其按照规定的程序自动地进行工作，称这种自动工作的机械电气一体化系统为自动生产线。

自动化生产线综合应用机械技术、控制技术、传感技术、驱动技术、网络技术、人机接口技术等，通过一些辅助装置按工艺顺序将各种机械加工装置连成一体，并控制液压、气压和电气系统将各个部分动作联系起来，完成预定的生产加工任务，如图 1-1 所示。

自动化生产线所涉及的技术领域是很广泛的，所以它的发展、完善是与各种相关技术的进步及相互渗透紧密相连的，因而与整个支持自动生产线有关技术的发展联系起来。1974 年由美国人哈林顿提出 CIMS（计算机集成制造系统）的概念，借助于计算机技术、现代系统管理技术、现代制造技术、信息技术、自动化技术和系统工程技术，将制造过程中有关的人、技术和经营管理三要素有机集成，通过信息共享以及信息流与物质流的有机集成实现系统的优化运行。现在信息时代已经到来，从技术发展前沿来看，CIMS 将是自动生产线发展的一个理想状态。自动生产线技术应用如下：

图 1-1　自动线综合技术

（1）可编程控制器技术。它是一种以顺序控制为主、回路调节为辅的工业控制机，不仅能完成逻辑判断、定时、计数、记忆和算术运算等功能，而且能大规模地控制开关量和模拟量，克服了工业控制计算机用于开关量控制系统所存在的编程复杂、非标准外部接口的配套复杂、机器资源未能充分利用而导致功能过剩、造价高昂、对工程现场环境适应性差等缺点。由于可编程序控制器具有一系列优点，因而替代了许多传统的顺序控制器，如继电器控制逻辑等，并广泛应用于自动线的控制。

（2）机器手、机器人技术。机器手在自动线中的装卸工件、定位夹紧、工件在工序间的输送、加工余料的排除、加工操作、包装等部分得到广泛应用。现在正在研制的第三代智能机器人不但具有运动操作技能，而且还有视觉、听觉、触觉等感觉的辨别能力，同时具有判断、决策能力，能掌握自然语言的自动装置也正在逐渐应用到自动生产线中。

（3）传感技术。传感技术随着材料科学的发展和固体物料效应的不断出现，形成并建立了一个完整的独立科学系统——传感器技术。在应用上出现了带微处理器的"智能传感器"，它在自动生产线的生产中监视着各种复杂的自动控制程序，起着极其重要的作用。

（4）液压和气压传动技术，特别是气动技术，由于使用的是取之不尽的空气作为介质，具有传动反应快、动作迅速、气动元件制作容易、成本小和便于集中供应和长距离输送等优点，而引起人们的普遍重视。气动技术已经发展成为一个独立的技术领域。在各行业，特别是在自动线中得到迅速发展和广泛应用。

（5）网络技术。网络技术的飞跃，无论是现场总线还是工业以太网络，使得自动线中的各个控制单元构成一个协调运转的整体。

总之，所有这些支持自动线的机电一体化技术的进一步发展，使得自动线功能更加齐全、完善、先进，从而能完成技术性更加复杂的操作和生产线装配工艺要求更高的产品。

1.1.2 自动化生产线应用

图 1-2 所示为某汽车公司的自动化生产线。该公司拥有全球最先进、世界顶级的冲压、焊装、树脂、涂装及总装等整车制造总成的自动化生产线系统，其功能：（1）可实现汽车制造中高效率、高精度、低能耗冲压加工；（2）借助生产线上配备的多个自动化机器人可实现车身更精密、柔性化的焊接。

图 1-3 所示为某烟草公司自动化生产线。该生产线引入了工业网络，由其连接制丝生产、卷烟生产、包装成品等一体化的全过程自动化系统。

图 1-2　某汽车公司的自动化生产线　　　　图 1-3　某烟草公司自动化生产线

通过采用先进的计算机技术、控制技术、自动化技术、信息技术，集成工厂自动化设备，对卷烟生产全过程实施控制、调度、监控。同时该生产线充分应用工控机、变频器、人机界面、PLC、智能机器人等自动化产品。

图 1-4 所示为某饮料公司的自动灌装线，主要完成上料、灌装、封口、检测、打标、包装、码垛等几个工作过程，实现集约化大规模生产的要求。

图 1-4　某饮料公司的自动灌装线

1.2　认知 YL-335A 型自动化生产线

1.2.1　YL-335A 的基本组成

　　YL-335A 型自动生产线实训考核装备由安装在铝合金导轨式实训台上的送料单元、加工单元、装配单元、输送单元和分拣单元 5 个单元组成。其外观如图 1-5 所示。

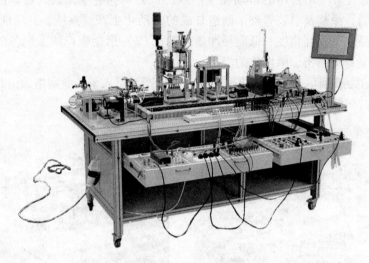

图 1-5　YL-335A 外观图

　　其中，每一工作单元都可自成一个独立的系统，同时也都是一个机电一体化的系统。各个单元的执行机构基本上以气动执行机构为主，但输送单元的机械手装置整体运动则采取步进电机驱动、精密定位的位置控制，该驱动系统具有长行程、多定位点的特点，是一个典型的一维位置控制系统。分拣单元的传送带驱动则采用了通用变频器驱动三相异步电动机的交流传动装置。位置控制和变频器技术是现代工业企业应用最为广泛的电气控制技术。

　　在 YL-335A 设备上应用了多种类型的传感器，分别用于判断物体的运动位置、物体通过的状态、物体的颜色及材质等。传感器技术是机电一体化技术中的关键技术之一，是现代工业实现高度自动化的前提之一。

　　在控制方面，YL-335A 采用了基于 RS485 串行通信的 PLC 网络控制方案，即每一工作单元由一台 PLC 承担其控制任务，各 PLC 之间通过 RS485 串行通讯实现互联的分布式控制方式。用户可根据需要选择不同厂家的 PLC 及其所支持的 RS485 通信模式，组建成一个小型的 PLC 网络。小型 PLC 网络以其结构简单、价格低廉的特点在小型自动生产线仍然有着广泛的应用，在现代工业网络通信中仍占据相当的份额。另一方面，掌握基于 RS485 串行通信的 PLC 网络技术，将为进一步学习现场总线技术、工业以太网技术等打下了良好的基础。

1.2.2　YL-335A 的基本功能

　　YL-335A 各工作单元在实训台上的分布如图 1-6 所示。

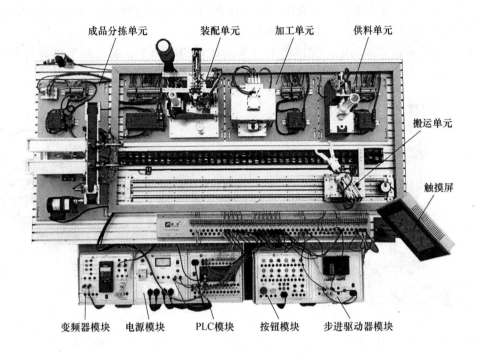

图 1-6 YL-335A 各工作单元在实训台上的分布

各个单元的基本功能如下：

（1）供料单元的基本功能。按照需要将放置在料仓中待加工的工件自动送出到物料台上，以便输送单元的抓取机械手装置将工件抓取送往其他工作单元。其外观如图 1-7 所示。

（2）加工单元的基本功能。把该单元物料台上的工件（工件由输送单元的抓取机械手装置送来）送到冲压机构下面，完成一次冲压加工动作，然后再送回到物料台上，待输送单元的抓取机械手装置取出。其外观如图 1-8 所示。

图 1-7 供料单元   图 1-8 加工单元

（3）装配单元的基本功能。完成将该单元料仓内的黑色或白色小圆柱工件嵌入到已加工的工件中的装配过程。其外观如图 1-9 所示。

（4）分拣单元的基本功能。完成将上一单元送来的已加工、装配的工件进行分拣，使不同颜色的工件从不同的料槽分流的功能。其外观如图 1-10 所示。

图 1-9　装配单元　　　　　　　　　　图 1-10　分拣单元

（5）输送单元的基本功能。该单元完成通过到指定单元的物料台精确定位，并在该物料台上抓取工件，把抓取到的工件输送到指定地点然后放下的功能。其外观如图 1-11 所示。

（6）YL-335A 的控制系统。YL-335A 采用 5 个西门子 S7-200 系列 PLC，分别控制输送、供料、加工、装配、分拣 5 个单元。5 个单元之间采用 PPI 串行总线进行通信。YL-335A 的每一个工作单元都由 PLC 完成控制功能，各单元可自成一个独立的系统，同时也可以通过网络互连构成一个分布式的控制系统。

当工作单元自成一个独立的系统时，其设备运行的主令信号以及运行过程中的状态显示信号，来源于该工作单元按钮指示灯模块，如图 1-12 所示。模块上的指示灯和按钮的端脚全部引到端子排上。

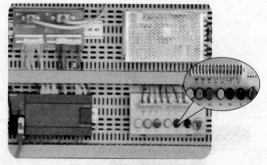

图 1-11　输送单元　　　　　　　　　　图 1-12　单元控制模块图

（7）供电电源。YL-335A 外部供电电源为三相五线制 AC 380V/220V，图 1-13 为供电电源模块一次回路原理图。图中总电源开关选用 DZ47LE－32/C32 型三相四线漏电开关。系统各主要负载通过自动开关单独供电。其中，变频器电源通过 DZ47C16/3P 三相自动开关供电；各工作站 PLC 均采用 DZ47C5/2P 单相自动开关供电。此外，系统配置 2 台 DC24V6A 开关稳压电源，分别用做供料、加工、分拣、输送单元的直流电源。

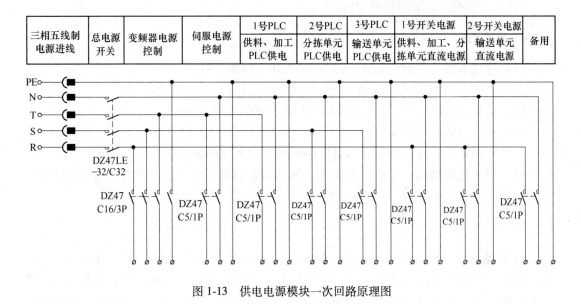

三相五线制电源进线	总电源开关	变频器电源控制	伺服电源控制	1号PLC	2号PLC	3号PLC	1号开关电源	2号开关电源	备用
				供料、加工 PLC供电	分拣单元 PLC供电	输送单元 PLC供电	供料、加工、分拣单元直流电源	输送单元直流电源	

图 1-13 供电电源模块一次回路原理图

1.2.3 YL-335A 的特点和实训项目

YL-335A 设备是一套半开放式的设备，用户在一定程度上可根据自己的需要选择设备组成单元的数量、类型，最多可由 5 个单元组成，最少时一个单元即可自成一个独立的控制系统。由多个单元组成的系统，PLC 网络的控制方案可以体现出自动生产线的控制特点。

设备中的各工作单元均安放在实训台上，便于各个机械机构及气动部件的拆卸和安装、控制线路的布线、气动电磁阀及气管安装。其中，输送单元采用了最为灵活的拆装式模块结构：组成该单元的按钮/指示灯模块、电源模块、PLC 模块、步进电机驱动器模块等均放置在抽屉式模块放置架上；模块之间、模块与实训台上接线端子排之间的连接方式采用安全导线连接，最大限度地满足了综合性实训的要求。

总的来讲，YL-335A 综合应用了多种技术知识，如气动控制技术、机械技术（机械传动、机械连接等）、传感器应用技术、PLC 控制和组网、步进电机位置控制和变频器技术等。利用该系统，可以模拟一个与实际生产情况十分接近的控制过程，使学习者得到一个非常接近于实际的教学设备环境，从而缩短了理论教学与实际应用之间的距离。

利用 YL-335A 可以完成以下实训任务：

（1）自动检测技术使用实训；

（2）气动技术应用实训；

（3）可编程控制器编程实训；

（4）PLC 网络组建实训；

（5）电气控制电路实训；

（6）变频器应用实训；

（7）步进电机驱动和位置控制实训；

（8）自动控制技术教学与实训；

（9）机械系统安装和调试实训；

（10）系统维护与故障检测实训。

1.2.4　技术参数

（1）交流电源：三相五线制，AC 380V/220V±10%　50Hz。

（2）温度：-10~40℃；环境湿度：≤90%（25℃）。

（3）实训桌外形尺寸：长×宽×高 = 1920mm×960mm×840mm。

（4）整机消耗：≤1.5kV·A。

（5）气源工作压力：最小 60Pa（0.6Mbar），最大 100Pa（1Mbar）。

（6）安全保护措施：具有接地保护、漏电保护功能，安全性符合相关的国家标准。采用高绝缘的安全型插座及带绝缘护套的高强度安全型实验导线。

【学习小结】

自动化生产线的最大特点是综合性和系统性。综合性是指机械技术、电工电子技术、传感器技术、PLC 控制技术、接口技术、驱动技术、网络通信技术、触摸屏组态编程等多种技术有机地结合，并综合应用到生产设备中；而系统性指的是，生产线的传感检测、传输与处理、控制、执行与驱动等机构在 PLC 的控制下协调有序地工作，有机地融合在一起。

【任务实施】

（1）任务地点：校内实训室。

（2）任务对象：YL-335A 型自动生产线。

（3）任务分组：依据学生人数和自动生产线的数目进行分组，并选定组长。

（4）实施步骤：

1）首先由指导教师，对学员开展有关自动生产线操作的安全文明生产教育，同时现场模拟演示各种不安全行为，讲解典型事故案例；然后组织学员对此进行讨论，指出演示与案例之中的经验教训；最后在笔试、口试合格后，方可进入下一步骤。

2）接下来，先由指导教师简要说明自动生产线组成结构、每部分的作用及自动生产线工作过程；然后，引导学员通过个人自学、组内研讨等方式，对本组负责的自动生产线的基本结构、每个组成部分的具体作用以及整个自动生产线的工作过程等进行学习，同时教师以随机提问等方式，掌握学员的学习效果，并给予必要的辅导。

（5）总结点评：在上述工作进行过程中，通过自我评价、组内互评及教师点评，以便让每位学员发现不足、促进交流及共同提高。

【任务小结】

（1）重点讲解自动生产线安全文明生产规定以及安全操作规程，各位学员务必切实理解每项条款的含意，并确保在今后操作过程中，能严格遵照执行；

（2）简要介绍自动生产线的产生与相关概念，重点讲解了自动生产线的基本组成，主要包括供料单元、输送单元、加工单元、装配单元和分拣单元等几个部分，并对每个组成部分的作用进行介绍。要求学员能针对常见自动生产线，指明其基本组成部分，并懂得每个组成部分的具体作用，同时理解自动生产线的工作过程。

【思考与训练】

（1）自动生产线是如何产生的？

（2）自动生产线由哪几部分组成？简述每个组成部分的作用。

（3）自动生产线的定义是什么？

【考核评价】

本学习情境评价内容包括：基础知识与技能评价、学习过程与方法评价、团队协作能力评价及工作态度评价。评价方式包括：学生自评、组内互评、教师评价。具体见表1-1。

表 1-1 学习情境 1 考核评价表

姓 名		学 号			班级		时 间	
考核项目	考核内容	考核要求	评分标准	配分	学生自评比重30%	组内互评比重30%	教师评价比重40%
基础知识与技能评价	安全生产知识与技能	掌握安全文明生产知识具备安全文明操作技能	10	40			
	自动生产线基本组成与工作过程	理解自动生产线的组成、每部分作用与工作过程	15				
	自动生产线维护保养知识与技能	理解自动生产线维护保养知识，并能实地操作	15				
学习过程与方法评价	各阶段学习状况	严肃、认真、保质、保量、按时完成每个阶段的培训内容	15	30			
	学习方法	具备正确有效的学习方法	15				
团队协作能力评价	团队协作意识	具有较强的协作意识	10	20			
	团队配合状况	积极配合他人共同完成学习任务，为他人提供协助，能虚心接受他人的意见和建议，乐于贡献自己的聪明才智	10				
工作态度评价	纪律性	严格遵守并执行学校和企业的各项规章制度，不迟到、不早退、不无故缺勤	5	10			
	责任性、主动性与进取心	具有较强责任感，不推诿、不懈怠；主动完成各项学习任务，并能积极提出改进意见；对学习充满热情和自信，积极提升自身综合能力与素养	3				
	作风、面貌与心态	作风正派，具备良好精神面貌和阳光心态	2				
合 计				100			
教师评语					总分		
					教师签名		

学习情境 2　供料单元的安装与调试

【学习目标】

（1）知识目标：

1）认知自动化生产线，熟悉供料单元的基本结构。

2）掌握自动化生产线中的可编程序控制器的使用方法。

3）掌握供料单元机械拆装与调试方法。

4）掌握供料单元气动控制回路分析、连接方法。

5）掌握供料单元电气线路分析、连接方法。

6）掌握供料单元控制程序设计与调试方法。

（2）能力目标：

1）能动手装配供料单元，包括机械、气路、电路等各组成部分。

2）能编制供料单元的 PLC 控制程序并调试。

3）能诊断供料单元出现的各种故障，并解决故障。

（3）素养目标：

1）培养学生对本专业实际工作的兴趣和热爱。正所谓：兴趣是学习的最大动力。

2）训练学生自主学习、终身学习的意识和能力。正所谓：授人以鱼，不如授之以渔。

3）培养学生理论联系实际的严谨作风，建立用科学的手段去发现问题、分析问题、解决问题的一般思路。

4）培养学生刻苦钻研、勇于拼搏的精神和敢于承担责任的勇气。

5）促使学生建立正确的人生观、世界观，树立一个良好的职业心态，增强面对事业挫折的能力。

6）解放思想、启发思维，培养学生勇于创新的精神。

【任务引入】

按照如图 2-1 所示的顺序，安装调试自动生产线组成部分：供料单元。想要供料单元为自动化生产线稳定地提供原料，就要掌握自动化生产线的工作过程，分析其用了哪些传动和控制方式，才能保证自动化生产线的稳定、高效运行。

【任务描述】

供料单元的安装涉及机械部件、气动元件和电气控制部分。安装过程锻炼和培养学生的动手能力，加深其对各类机械部件、气动元件、电气元件的了解，掌握其机械、气动、电气部件的结构。熟悉和掌握安全操作常识，零部件拆装后的正确放置、分类及清洗方

铝合金型材支撑架　　　　物料台及料仓底座　　　　推料机构

图 2-1　供料单元组件

法，培养文明生产的良好习惯。

【知识准备】

2.1　气动技术在自动生产线中的使用

2.1.1　气动控制系统认知

气动系统是以压缩空气为工作介质来进行能量与信号的传递，利用空气压缩机将电动机或其他原动机输出的机械能转变为空气的压力能，然后在控制元件的控制和辅助元件的配合下，通过执行元件把空气的压力能转变为机械能，从而完成直线或回转运动并对外做功。

图 2-2 所示为一个简单的气动控制系统。该控制系统由静音气泵、气动二联件、气缸、电磁阀、检测元件和控制器等组成，能实现气缸的伸缩运动控制。气动控制系统是以压缩控制为工作介质，在控制元件的控制和辅助元件的配合下，通过执行元件把空气的压缩能转换为机械能，从而完成气缸直线或回转运动，并对外做功。

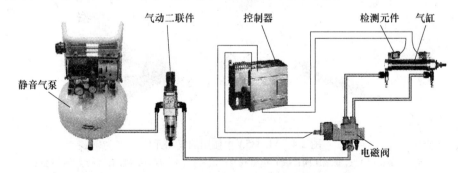

图 2-2　一个简单的气动控制系统

一个完整的气动控制系统基本由气压发生器（起源装置）、执行元件、控制元件、辅助元件、检测元件以及控制器等 6 部分组成，如图 2-3 所示。

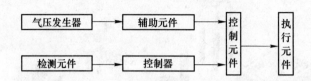

图 2-3　气动控制系统基本组成

在 YL-335 上安装了许多气动元件，包括气泵、过滤减压阀、单向电控气阀、双向电控气阀、气缸、汇流排等。其中气缸使用了笔形缸、薄气缸、回转缸、双杆气缸、手指气缸 5 种类型共 17 个。图 2-4 所示为 YL-335A 中使用的气动元件。

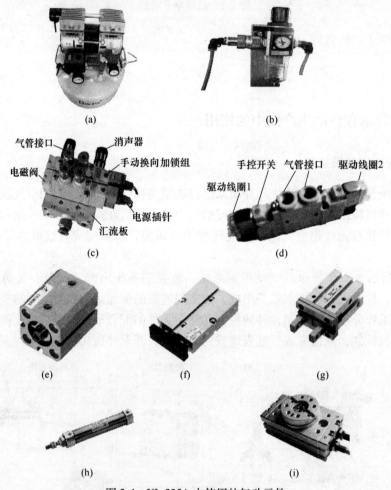

图 2-4　YL-335A 中使用的气动元件

(a) 气泵；(b) 过滤减压阀；(c) 电磁阀及汇流板；(d) 双向电磁阀；(e) 薄型气缸；
(f) 双杆气缸；(g) 手指气缸；(h) 笔形气缸；(i) 回转气缸

图 2-4 实际包括以下四部分：气源装置、控制元件、执行元件、辅助元件。

（1）气源装置。用于将原动机输出的机械能转变为空气的压力能。其主要设备是空气压缩机，如图2-4（a）所示的气泵。

（2）控制元件。用于控制压缩空气的压力、流量和流动方向，以保证执行元件具有一定的输出力和速度并按设计的程序正常工作，如图2-4（c）、（d）所示的电磁阀。

（3）执行元件。用于将空气的压力能转变为机械能的能量转换装置，如图2-4（e）、（f）所示的各式气缸。

（4）辅助元件。用于辅助保证空气系统正常工作的一些装置，如过滤器［见图2-4（b）］、干燥器、空气过滤器、消声器和油雾器等。

图2-4中的静音气泵为压缩空气发生装置，其中包括空气压缩机、安全阀、过载安全保护器、储气罐、罐体压力指示表、一次压力调节指示表、过滤减压阀及气源开关等部件，如图2-5所示。气泵是用来产生具有足够压力和流量的压缩空气并将其净化、处理及存储的一套装置，气泵的输出压力可通过其上的过滤减压阀进行调节。

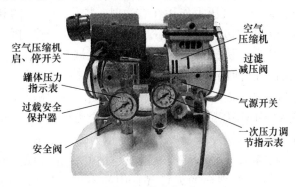

图2-5　静音气泵

2.1.2　气动执行元件的认知

在气动控制系统中，气动执行元件是一种将压缩空气的能量转化为机械能，实现直线、摆动或者回转运动的传动装置。气动系统常用的执行元件为气缸和气马达。气缸用于实现直线往复或摆动，输出力和直线速度或摆动角位移；气马达用于实现连续回转运动，输出转矩和转速。在YL-335A中只用到了气缸，包括笔形气缸、薄型气缸、回转气缸、双杆气缸、手指气缸等，如图2-6所示。

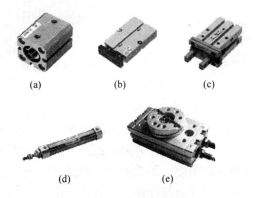

(a)　　　　　　　(b)　　　　　　　(c)

(d)　　　　　　　(e)

图2-6　YL-335A中使用的气缸

（a）薄型气缸；（b）双杆气缸；（c）手指气缸；（d）笔形气缸；（e）回转气缸

（1）直线型气缸。主要由缸筒、活塞杆、前后端盖及密封件等组成。图 2-7 所示为普通型单活塞双作用气缸结构。

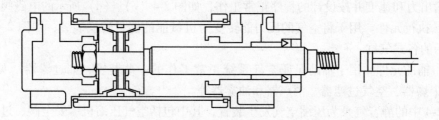

图 2-7　普通型单活塞双作用气缸结构

所谓双作用是指活塞的往复运动均由压缩空气来推动。在单伸出活塞杆的动力缸中，因活塞右边面积比较大，当空气压力作用在右边时，提供一慢速的和作用力大的工作行程；返回行程时，由于活塞左边的面积较小，所以速度较快而作用力变小。此类气缸的使用最为广泛，一般应用于包装机械、食品机械、加工机械等设备上。

（2）磁性无杆气缸。磁性耦合的无杆气缸，在活塞上安装一组高磁性的永久磁环，磁力线通过薄壁缸筒与套在外面的另一组磁环作用。由于两组磁环极性相反具有很强的吸力。当活塞在一侧输入气压作用下移动时，则在磁耦合力作用下，带动套筒与负载一起移动。在气缸行程两端设有空气缓冲装置。图 2-8 所示为磁性无杆气缸实物图。

它的特点：小型、重量轻、无外部空气泄露、维修保养方便。但当速度快、负载大时，内外磁环易脱开，且磁性耦合的无杆气缸中间不可能增加支撑点，最大行程受到限制。

（3）回转气缸又称气动摆台。它是由直线气缸驱动齿轮齿条实现回转运动，回转角度能在 0°～90°和 0°～180°之间任意调节，而且可以安装磁性开关，检测旋转到位信号，多用于方向和位置需要变换的机构，如图 2-9 所示。

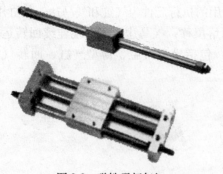

图 2-8　磁性无杆气缸

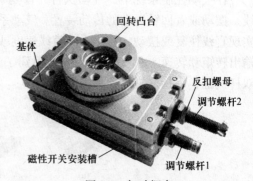

图 2-9　气动摆台

YL-335A 所使用的气动摆台的摆动回转角度能在 0°～180°范围任意调。当需要调节回转角度或调整摆动位置精度时，应首先松开调节螺杆上的反扣螺母，通过旋入和旋出调节螺杆，从而改变回转凸台的回转角度，调节螺杆 1 和调节螺杆 2 分别用于左旋和右旋角度的调整。当调整好摆动角度后，应将反扣螺母与基体反扣锁紧，防止调节螺杆松动，造成回转精度降低。

齿轮齿条式摆动气缸有单齿条和双齿条两种。图 2-10（b）为单齿条式摆动气缸的结构原理图，压缩空气推动活塞 6 带动齿条 3 直线运动，齿条 3 则推动齿轮 4 旋转运动，由输出轴 5（齿轮轴）输出力矩。输出轴与外部机构的转轴相连，让外部机构摆动。

摆动气缸的行程终点位置可调，且在终端可调缓冲装置，缓冲大小与气缸摆动的角度无关，在活塞上装有一个永久磁环，行程开关可固定在缸体的安装沟槽中。图 2-10（a）为其外形图。

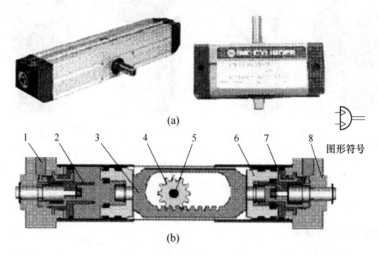

图 2-10　齿轮齿条式气缸结构原理图
1—缓冲节流阀；2—缓冲柱塞；3—齿条组件；4—齿轮；5—输出轴；6—活塞；7—缸体；8—端盖

叶片式摆动气缸可分为单叶片式、双叶片式和多叶片式。叶片越多，摆动角度越小，但扭矩却又增大。单叶片式输出摆动角度小于 360°，双叶片式输出摆动角度小于 180°，三叶片式则在 120°以内。

图 2-11（b）、（c）所示分别为单、双叶片式摆动气缸的结构原理图。在定子上有两条气路，当左腔进气时，右腔排气，叶片在压缩空气作用下逆时针转动，反之顺时针转动。旋转叶片将压力传递到驱动轴上摆动。可调止动装置与旋转叶片相互独立，从而使得挡块可以调节摆动角度大小。在终端位置，弹性缓冲垫可对冲击进行缓冲。

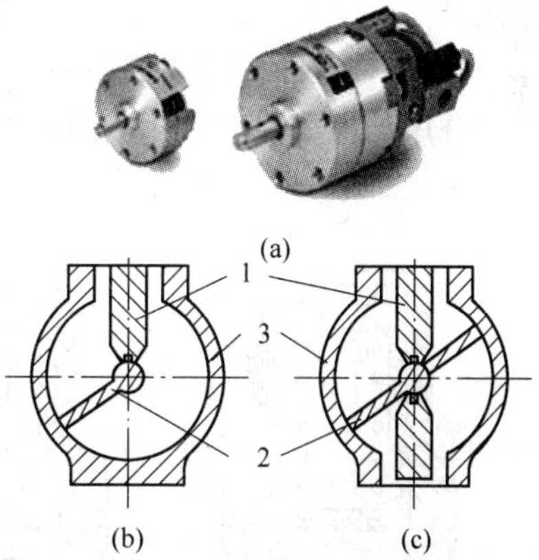

（4）气爪（手指气缸）。气爪能实现各种抓取功能，是现代气动机械手的关键部件。

图 2-11　叶片式摆动气缸结构原理图
(a) 外形图；(b) 单叶片式；(c) 双叶片式
1—挡块；2—叶片；3—定子

图 2-12 所示的气爪的特点是：1）所有的结构都是双作用的，能实现双向抓取，可自动对中，重复精度高；2）抓取力矩恒定；3）在气缸两侧可安装非接触式检测开关；4）有多种安装、连接方式。

图 2-12（a）所示为平行气爪，平行气爪通过两个活塞工作，两个气爪对心移动。这种气爪可以输出很大的抓取力，既可用于内抓取，也可用于外抓取。图 2-12（b）所示为

摆动气爪，内外抓取 400°摆角，抓取力大，并确保抓取力矩始终恒定。图 2-12（c）所示为旋转气爪，其动作和齿轮齿条的啮合原理相似。两个气爪可同时移动并自动对中，其齿轮齿条原理确保了抓取力矩始终恒定。图 2-12（d）所示为三点气爪，三个气爪同时开闭，适合夹持圆柱体工件及工件的压入工作。

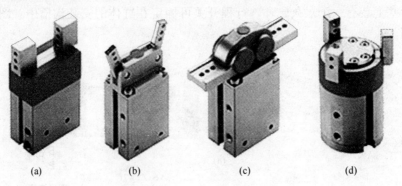

(a)　　　　　(b)　　　　　(c)　　　　　(d)

图 2-12　气爪
（a）平行气爪；（b）摆动气爪；（c）旋转气爪；（d）三点气爪

2.1.3　气动控制元件的认知

YL-335A 中使用的气动控制元件按其作用和功能分为压力控制阀、流量控制阀、方向控制阀。

（1）压力控制阀。在亚龙 335 型自动生产线中使用到的压力控制阀主要有减压阀、溢流阀。

1）减压阀。作用是降低由空气压缩机来的压力，以适应每台气动设备的需要，并使这一部分压力保持稳定。其结构示意图和实物图如图 2-13 所示。

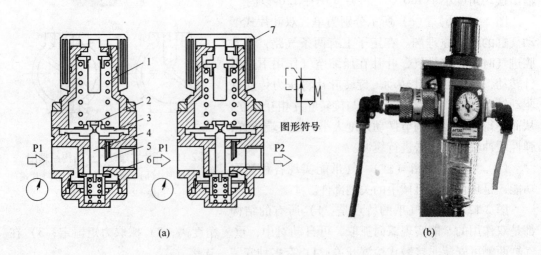

图形符号

(a)　　　　　　　　　　　　　　(b)

图 2-13　减压阀的结构（a）及实物图（b）
1—调节弹簧；2—溢流阀；3—膜片；4—阀杆；5—反馈导杆；6—主阀；7—溢流口

2）溢流阀。作用是当系统压力超过调定值时，便自动排气，使系统的压力下降，以保证系统安全，故也称其为安全阀。图 2-14 所示为安全阀的工作原理图。

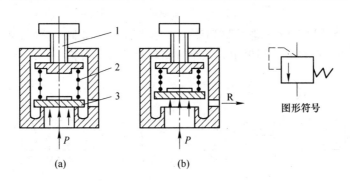

图 2-14 安全阀的工作原理图
（a）关闭状态；（b）开启状态
1—旋钮；2—弹簧；3—开启状态

（2）流量控制阀。在 YL-335 中使用的流量控制阀主要有节流阀。节流阀是将空气的流通截面缩小以增加气体的流通阻力，而降低气体的压力和流量。如图 2-15 所示，阀体上有一个调整螺钉，可以调节节流阀的开口度（无极调节），并可保持其开口度不变，此类阀称为可调节开口节流阀。

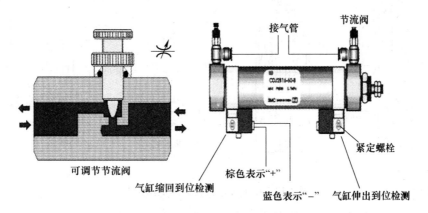

图 2-15 气缸与节流阀示意图

可调节节流阀常用于调节气缸活塞运动速度，可直接安装在气缸上。这种节流阀有双向节流作用。使用节流阀时，节流面积不宜太小，因空气中的冷凝水、尘埃等塞满阻流口通路会引起节流量的变化。

（3）方向控制阀。方向控制阀是用来改变气流流动方向或通断的控制阀。气缸的正确运动使物料分拣到相应的位置，只要交换进出气的方向就能改变气缸的伸出（缩回）运动，气缸两侧的磁性开关可以识别气缸是否已经运动到位。而进出气方向的改变（即换向控制）可由手动和电控实现，通常使用的是电磁阀。

1）"位"与"通"的概念。所谓"位"指的是为了改变气体方向，阀芯相对于阀体所具有的不同的工作位置。"通"的含义则指换向阀与系统相连的通口,有几个通口即为几通。在图2-16中,只有两个工作位置,且具有供气口P、工作口A和排气口R,故为二位三通阀。

图2-16所示分别为二位三通(3/2阀)、二位四通(4/2阀)和二位五通(5/2阀)单控电磁换向阀的图形符号,图形中有几个方格就是几位,方格中"⊥""⊤"符号表示各接口互不相通。

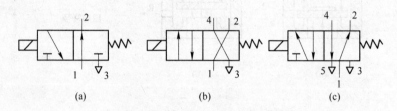

图2-16　部分单电控电磁换向阀的图形符号

(a)二位三通阀;(b)二位四通阀;(c)二位五通阀

2)电磁阀原理。电磁阀是利用其电磁线圈通电时,静铁芯对动铁芯产生电磁吸力使阀芯切换,达到改变气流方向的目的。图2-17所示为单电控二位三通电磁换向阀的工作原理。

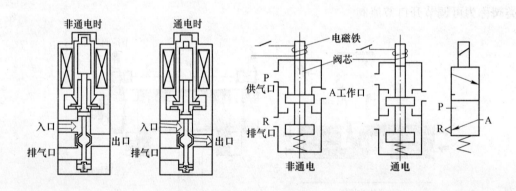

图2-17　单电控电磁换向阀工作原理

单电控电磁控制换向阀:单电控阀有一个电磁线圈和一个弹簧。电磁线圈通电时产生电磁力来控制气缸的伸出,电磁线圈失电时靠弹簧力复位,从而实现气缸的伸出、缩回运动。

双向电磁控制换向阀:双向电控阀有两个电磁线圈,分别用来控制气缸的进气和出气,从而实现气缸的伸出、缩回运动。电控阀内装的红色指示灯有正负极性,如果极性接反了也能正常工作,但指示灯不会亮,如图2-18所示。

YL-335A所有工作单元的执行气缸都是双作用气缸,

图2-18　双向电磁阀示意图

因此控制它们工作的电磁阀需要有两个工作口和两个排气口以及一个供气口，故使用的电磁阀均为二位五通电磁阀。

在 YL-335A 中采用的电磁阀组连接形式，就是将多个阀与消声器、汇流板等集中在一起构成的一组控制阀的集成，而每个阀的功能是彼此独立的。

2.2 可编程控制器技术

2.2.1 PLC 的结构与认知

2.2.1.1 PLC 的产生

1969 年，美国数字设备公司（DEC）研制出了世界上第一台可编程序控制器，并应用于通用汽车公司的生产线上，当时称为可编程逻辑控制器 PLC（Programmable Logic Controller），目的是用来取代继电器，以执行逻辑判断、计时、计数等顺序控制功能。紧接着，美国 MODICON 公司也开发出同名的控制器。1971 年，日本从美国引进了这项新技术，很快研制成了日本第一台可编程控制器。1973 年，西欧国家也研制出他们的第一台可编程控制器。

我国从 1974 年也开始研制可编程序控制器，1977 年开始工业应用。

2.2.1.2 PLC 的定义

"可编程控制器是一种数字运算操作的电子系统，专为在工业环境下应用而设计。它采用了可编程序的存储器，用来在其内部存储和执行逻辑运算、顺序控制、定时、计数和算术运算等操作命令，并通过数字式和模拟式的输入和输出，控制各种类型的机械或生产过程。可编程控制器及其有关外围设备，都按易于与工业系统联成一个整体、易于扩充其功能的原则设计。

定义强调了可编程控制器是"数字运算操作的电子系统"，是一种计算机。这种工业计算机采用"面向用户的指令"，因此编程方便。它能完成逻辑运算、顺序控制、定时计数和算术操作，它还具有"数字量和模拟量输入/输出控制"的能力，并且非常容易与"工业控制系统联成一体"，易于"扩充"。

定义还强调了可编程控制器应直接应用于工业环境，它须具有很强的抗干扰能力、广泛的适应能力和应用范围。这也是其区别于一般微机控制系统的一个重要特征。

2.2.1.3 PLC 的基本组成

可编程控制器主要由 CPU、存储器、基本 I/O 接口电路、外设接口、编程装置、电源等组成。

（1）CPU 单元。CPU 是可编程控制器的控制中枢。CPU 一般由控制电路、运算器和寄存器组成。

CPU 的功能有：它在系统监控程序的控制下工作，通过扫描方式，将外部输入信号的状态写入输入映像寄存区域，PLC 进入运行状态后，从存储器逐条读取用户指令，按指令规定的任务进行数据的传送、逻辑运算、算术运算等，然后将结果送到输出映像寄存区域。简单地说，CPU 的功能就是读输入、执行程序、写输出。

　　CPU 常用的微处理器有通用型微处理器、单片机和位片式计算机等。通用型微处理器常见的如 Intel 公司的 8086、80186 到 Pentium 系列芯片，单片机型的微处理器如 Intel 公司的 MCS-96 系列单片机，位片式微处理器如 AMD 2900 系列的微处理器。小型 PLC 的 CPU 多采用单片机或专用 CPU，中型 PLC 的 CPU 大多采用 16 位微处理器或单片机，大型 PLC 的 CPU 多用高速位片式处理器，具有高速处理能力。

　　（2）存储器。可编程控制器的存储器由只读存储器 ROM、随机存储器 RAM 和可电擦写的存储器 EEPROM 三大部分构成，主要用于存放系统程序、用户程序及工作数据。

　　只读存储器 ROM 用于存放系统程序，可编程控制器在生产过程中将系统程序固化在 ROM 中，用户是不可改变的。

　　用户程序和中间运算数据存放在随机存储器 RAM 中。RAM 存储器是一种高密度、低功耗、价格便宜的半导体存储器，可用锂电池做备用电源。

　　RAM 存储的内容是易失的，掉电后内容丢失；当系统掉电时，用户程序可以保存在只读存储器 EEPROM 或由高能电池支持的 RAM 中。

　　EEPROM 兼有 ROM 的非易失性和 RAM 的随机存取优点，用来存放需要长期保存的重要数据。

　　（3）I/O 单元及 I/O 扩展接口。

　　1）I/O 单元（输入/输出接口电路）。PLC 内部输入电路作用是将 PLC 外部电路（如行程开关、按钮、传感器等）提供的符合 PLC 输入电路要求的电压信号，通过光电耦合电路送至 PLC 内部电路。输入电路通常以光电隔离和阻容滤波的方式提高抗干扰能力，输入响应时间一般在 0.1～15ms 之间。根据输入信号形式的不同，可分为模拟量 I/O 单元、数字量 I/O 单元两大类。根据输入单元形式的不同，可分为基本 I/O 单元、扩展 I/O 单元两大类。PLC 内部输出电路作用是将输出映像寄存器的结果通过输出接口电路驱动外部的负载（如接触器线圈、电磁阀、指示灯等）。

　　2）I/O 扩展接口。可编程控制器利用 I/O 扩展接口使 I/O 扩展单元与 PLC 的基本单元实现连接，当基本 I/O 单元的输入或输出点数不够使用时，可以用 I/O 扩展单元来扩充开关量 I/O 点数和增加模拟量的 I/O 端子。

　　（4）外设接口。外设接口电路用于连接编程器或其他图形编程器、文本显示器、触摸屏、变频器等，并能通过外设接口组成 PLC 的控制网络。PLC 通过 PC/PPI 电缆或使用 MPI 卡通过 RS-485 接口与计算机连接，可以实现编程、监控、联网等功能。

　　（5）电源。电源单元的作用是把外部电源（220V 的交流电源）转换成内部工作电压。外部连接的电源，通过 PLC 内部配有的一个专用开关式稳压电源，将交流/直流供电电源转化为 PLC 内部电路需要的工作电源（直流 5V、±12V、24V），并为外部输入元件（如接近开关）提供 24V 直流电源（仅供输入端点使用），而驱动 PLC 负载的电源由用户提供。

2.2.1.4　PLC 主要技术指标

　　（1）输入/输出点数。可编程控制器的 I/O 点数指外部输入、输出端子数量的总和。它是描述 PLC 大小的一个重要的参数。

　　（2）存储容量。PLC 的存储器由系统程序存储器、用户程序存储器和数据存储器三部分组成。PLC 存储容量通常指用户程序存储器和数据存储器容量之和，表征系统提供给用户的可用资源，是系统性能的一项重要技术指标。

（3）扫描速度。可编程控制器采用循环扫描方式工作，完成一次扫描所需的时间称为扫描周期。影响扫描速度的主要因素有用户程序的长度和 PLC 产品的类型。PLC 中 CPU 的类型、机器字长等直接影响 PLC 运算精度和运行速度。

（4）指令系统。指令系统是指 PLC 所有指令的总和。

（5）通信功能。通信有 PLC 之间的通信和 PLC 与其他设备之间的通信。通信主要涉及通信模块，通信接口、通信协议和通信指令等内容。PLC 的组网和通信能力也已成为 PLC 产品水平的重要衡量指标之一。

2.2.2 S7-200 系统结构

2.2.2.1 S7-200PLC 结构与认知

S7-200 系列 PLC 属于混合式 PLC，由 PLC 主机和扩展模块组成。其中，PLC 主机由 CPU、存储器、通信电路、基本输入输出电路、电源等基本模块组成，相当一个整体式的 PLC，可以单独完成控制功能，它包含一个控制系统所需的最小组成单元。图 2-19 所示为 S7-200CUP 模块的外形结构图，它将一个微处理器、一个集成电源和数字量 I/O（输入/输出）点集成在一个紧密的封装之中。

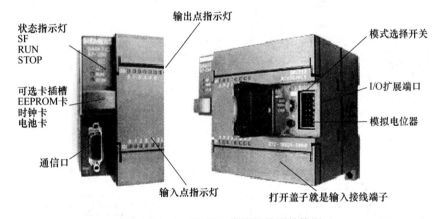

图 2-19　S7-200CUP 模块的外形结构图

图 2-19 给出 PLC 的外观上的认知，虽然在外观上与通用计算机有较大差别，但在内部结构上，PLC 只是像一台增强了 I/O 功能的可与控制对象方便连接的计算机。在系统结构上，PLC 的基本组成包括硬件与软件两部分。

PLC 的硬件部分由中央处理器（CPU）、存储器、输入接口、输出接口、通信接口、电源等构成；PLC 的软件部分由系统程序和用户程序等构成。

在内部结构上，CPU 模块由中央处理器（CPU）、存储器、输入端口、输出端口、通信接口、电源等构成，每个部分的功用不同，与通用微机 CPU 一样，CPU 在 PLC 系统中的作用类似人体的中枢神经。

（1）开关量输入、输出端口。输入接口将按钮、行程开关或传感器等产生的开关量信号或模拟量信号，转换成数字信号送给 CPU。开关量输入工程上常称为"开入量"或"DI（数字量输入）"。

　　开关量输入端口将按钮、行程开关或传感器等外部电路的接通与断开的信号，转换成 PLC 所能识别的 1（高电平）、0（低电平）数字信号送入 CPU 单元。

　　在图 2-20 中，外部输入由连接在输入点的开关，外部电源经公共端与 PLC 内部电路构成回路。内部电路通过光电耦合器将外部开关的接通与断开转换成 CPU 所能识别的 0（低电平）、1（高电平）信号。对于 NPN 输出的传感器与 S7-200 系列 PLC 输入端口连接时，采用漏型输入；对于 PNP 型输出的传感器与 S7-200 系列 PLC 输入端口连接时，采用源型输入，如图 2-21 所示。

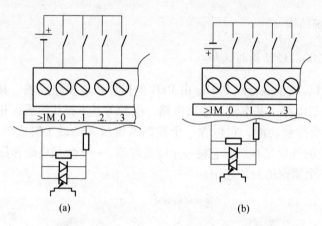

图 2-20　S7-200 PLC 输入模块连接图
（a）24V DC 输入用做漏型输入；（b）24V DC 输入用做源型输入

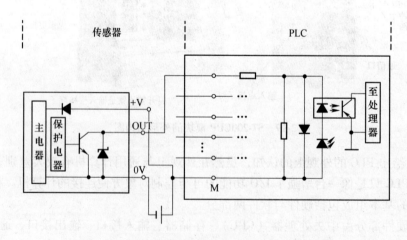

图 2-21　NPN 输出的传感器与 PLC 的连接

　　输入信号的电源均可由用户提供，直流输入信号的电源也可由 PLC 自身提供，一般 8 路或 4 路输入共用一个公共端，现场的输入提供一对开关信号："0"、"1"（有无触点均可）；每路输入信号均经过光电隔离、滤波，然后送入输入缓冲器等待 CPU 采样。每路输入信号均有 LED 显示，以指明信号是否到达 PLC 的输入端子。

输出接口将 CPU 向外输出的数字信号转换成可以驱动外部执行电路的信号，分为数字量输出与模拟量输出。开关输出模块是把 CPU 逻辑运算的结果"0"、"1"信号变成功率接点的输出，驱动外部负载，不同开关量输出模块的端口特性不同，按照负载使用的电源可分为直流输出模块、交流输出模块和交直流输出模块。按照输出的开关器件种类可分为场效应晶体管输出、继电器输出等。它们所能驱动的负载类型、负载大小和相应时间是不同的，可以根据需要来选择不同的输出模块。在模块选定后，不同的模块如何使用是下面需要讨论的。

S7-200 系列 PLC 输出单元的电路图如图 2-22 所示。CPU221、CPU222、CPU224、CPU226、CPU224XP 等 24VCD 输出采用图 2-22（a）所示的信号源输出方式，CPU224XPPsi24VDC 输出采用图 2-22（b）所示的信号流输出方式，继电器输出为图 2-22（c）所示的方式。

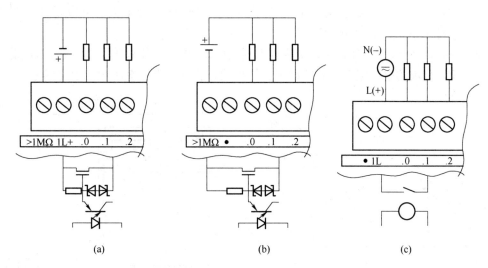

图 2-22　S7-200 PLC 输出单元的电路图

（a）24VCD 输出（信号源）；（b）24VCD 输出（信号流）；（c）继电器输出

在 YL-335A 中的供料、加工、装配、分拣单元中需要对电磁阀进行控制，采用的是继电器输出型 PLC。

在 YL-335A 输送单元中，由于需要输出高速脉冲驱动步进电机或伺服电机，PLC 采用晶体管输出型。

输入/输出端口的数量是 PLC 非常重要的技术指标，可将 PLC 安装 I/O 点数来划分为大、中、小型。在安装与调试中，确定每一个 I/O 点的功能是非常重要的工作。实际工程中对 I/O 点的数量要求有一定的裕量。

（2）模拟量 I/O 模块。要实现模拟量的数据采集，或者通过输出模拟量实现位置等控制，必须要有 A/D 和 D/A 模块。A/D 模块把模拟量如电压、电流转换成数字量，而 D/A 则正好相反，把数字量转换成模拟量，如电流、电压信号。在分拣单元的 CPU224XP 上，有两路 A/D，一路 D/A。接口电路如图 2-23 所示，A+、B+为模拟量输入单端，M 为共同端；输入电压范围为 ±10V；分辨率 11 位，加 1 符号位；数据字格式对应的满量程范围为-32000～+32000，对应的模拟量输入映像寄存器分别为 AIW0、AIW2。图 2-23 中有一路单极性模拟量输出，可以选择是电流输出或电压输出，I 为电流负载输出端，V 为电压负载输出端；输出电流的范围为 0～20mA，输出电压的范围为 0～10V，分辨率为 12 位，数据格式对应的量程范围为 0～32767，对应的模拟量输出映像寄存器为 AQW0。

（3）通信接口。S7-200 系列 PLC 整合了一个或两个 RS-485 通信接口，既可作为 PG（编程）接口，也可作为 OP（操作终端）接口，如连接一些 HMI（人机接口）设备；支持自由通信协议及 PPI（点对点主站模式）通信协议。

（4）电源。S7-200 本机单元有一个内部电源，它为本机单元、扩展模块以及一个 24VDC 电源输出，如图 2-24 所示。每一个 S7-200CPU 模块向外提供 5V DC 和 24V DC 电源。需要注意以下两点：

1）CPU 模块都有一个 24V DC 传感器电源，它为本机输入点和扩展模块继电器线圈提供 24V DC。如果电源要求超出了 CPU 模块 24V DC 电源的定额，可以增加一个外部 24V DC 电源来供给扩展模块 24V DC。

2）当有扩展模块连接时 CPU 模块也为其提供 5V 电源。如果扩展模块的 5V 电源需求超出了 CPU 模块的电源定额，必须卸下扩展模块，直到需求在电源预定值之内才行。

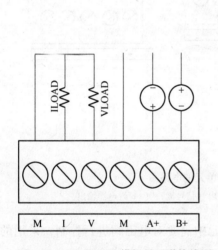

图 2-23　CPU224XP 模拟量通道接线图

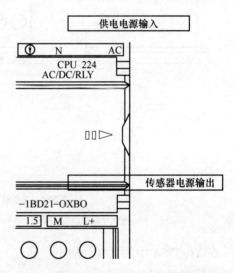

图 2-24　S7-200PLC 电源图

2.2.2.2　指令系统

（1）标准触点指令。

LD：常开触点指令，表示一个与输入母线相连的动合接点指令，即动合接点逻辑运算起始。

LDN：常闭触点指令，表示一个与输入母线相连的动断接点指令，即动断接点逻辑运算起始。

A：与常开触点指令，用于单个动合接点的串联。

AN：与非常闭触点指令，用于单个动断开接点的串联。

O：或常开触点指令，用于单个动合接点的并联。

ON：或非常闭触点指令，用于单个动断接点的并联。

LD、LDN、A、AN、ON 触点指令中变量的数据类型为布尔（BOOL）型。LD、LDN 两条指令用于将接点接到母线上，A、AN、O、ON 指令均可多次重复使用，但当需要对两个以上接点串联连接电路块的并联连接时，要用后述的 OLD 指令。

（2）串联电路块的并联连接指令 OLD。两个或两个以上的接点串联连接的电路称为串联电路块。串联电路块并联连接时，分支开始用 LD、LDN 指令，分支结束用 OLD 指令。OLD 指令与后述的 ALD 指令均为无目标元件指令，而两条无目标元件指令的步长都为一个程序步。OLD 有时也简称或块指令。

（3）并联电路块的串联连接指令 ALD。两个或两个以上的接点并联连接的电路称为并联电路块。分支电路并联电路块与前面电路串联连接时，使用 ALD 指令。分支的起点用 LD、LDN 指令，并联电路结束后，使用 ALD 指令与前面电路串联。ALD 指令也简称为与块指令。ALD 也是无操作目标元件指令，步长是一个程序步指令。

（4）输出指令（＝）。输出指令与线圈相对应，驱动线圈的触点电路接通时，线圈流过"能流"，输出类指令应放在梯形图的最右边，变量为 BOOL 型。

（5）置位与复位指令 S、R。S 为置位指令，使动作保持；R 为复位指令，使操作复位。从指定的位置开始的 N 个点的映像寄存器都被置位或复位（$N = 1 \sim 255$），如果被指定复位的是定时器位或计数器位，将清除定时器或计数器的当前值。

（6）跳变触点 EU、ED。正跳变触点检测到一次正跳变（触点得输入信号由 0 到 1）时，或负跳变触点检测到一次负跳变（触点得输入信号由 1 到 0）时，触点接通到一个扫描周期。正/负跳变的符号为 EU/ED，它们没有操作数，触点符号中间的"P"和"N"分别表示正跳变和负跳变。

（7）空操作指令 NOP。NOP 指令是一条无动作、无目标元件的程序步指令。

（8）程序结束指令 END。END 是一条无目标元件的程序步指令。PLC 反复进行输入处理、程序运算、输出处理，若在程序最后写入 END 指令，则 END 以后的程序就不再执行，直接进行输出处理。在程序调试过程中，按段插入 END 指令，可以按顺序扩大对各程序段动作的检查。要注意的是在执行 END 指令时，也刷新监视时钟。

2.2.2.3 可编程控制器的编程语言概述

现代的可编程控制器一般备有多种编程语言，供用户使用。《IEC1131—3》（可编程序控制器编程语言的国际标准）详细说明了下述可编程序控制器编程语言：

（1）顺序功能图。

（2）梯形图（见图 2-25）。

（3）功能块图。

（4）指令表。

（5）结构文本。

其中梯形图是使用得最多的可编程控制器图形编程语言。梯形图与继电器控制系统的电路图很相似，具有直观易懂的优点，很容易被工厂熟悉继电器控制的电气人员掌握，特别适用于开关量逻辑控制，主要特点如下：

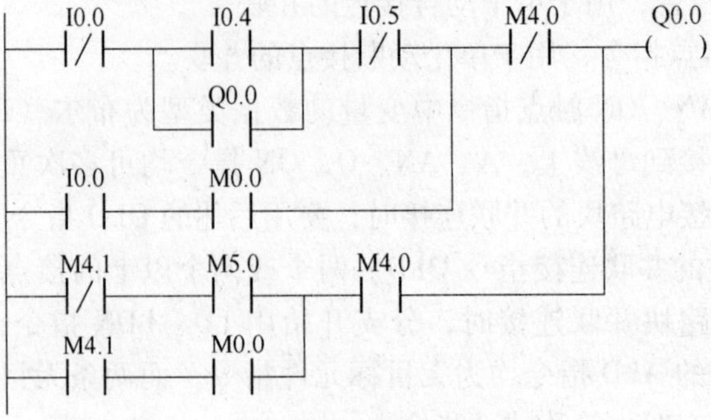

图 2-25　梯形图

（1）可编程序控制器梯形图中的某些编程元件沿用了继电器这一名称，如输入继电器、输出继电器、内部辅助继电器等，但是它们不是真实的物理继电器（即硬件继电器），而是在软件中使用的编程元件。每一编程元件与可编程序控制器存储器中元件映像寄存器的一个存储单元相对应。

（2）梯形图两侧的垂直公共线称为公共母线（BUS bar）。在分析梯形图的逻辑关系时，为了借用继电器电路的分析方法，可以想象左右两侧母线之间有一个左正、右负的直流电源电压，当图中的触点接通时，有一个假想的"概念电流"或"能流"（Power flow）从左到右流动，这一方向与执行用户程序时的逻辑运算的顺序是一致的。

（3）根据梯形图中各触点的状态和逻辑关系，求出与图中各线圈对应的编程元件的状态，称为梯形图的逻辑解算。梯形图中逻辑解算是按从上到下、从左到右的顺序进行的。

（4）梯形图中的线圈和其他输出指令放在最右边。

（5）梯形图中各编程元件的常开触点和常闭触点均可以无限多次地使用。

可编程控制器的编程步骤：

（1）确定被控系统必须完成的动作及完成这些动作的顺序。

（2）分配输入/输出设备，即确定哪些外围设备送信号到 PLC，哪些外围设备是接收来自 PLC 信号的，并将 PLC 的输入、输出口与之对应进行分配。

（3）设计 PLC 程序画出梯形图。梯形图体现了按照正确的顺序所要求的全部功能及其相互关系。

（4）用计算机对 PLC 的梯形图直接编程。

（5）对程序进行调试（模拟和现场）。

（6）保存已完成的程序。

显然，在建立一个 PLC 控制系统时，必须首先把系统需要的输入、输出数量确定下来，然后按需要确定各种控制动作的顺序和各个控制装置之间的相互关系。确定控制上的相互关系之后，就可进行编程的第二步——分配输入/输出设备，在分配了 PLC 的输入/输出点、内部辅助继电器、定时器、计数器之后，就可以设计 PLC 程序画出梯形图。梯形图画好后，使用编程软件直接把梯形图输入计算机并传输到 PLC 进行模拟调试，反复修改、传输、调试直至符号控制要求。这便是程序设计的整个过程。

2.2.2.4 S7-200 的自动化通信网络

可编程序控制器与计算机可以直接或通过通信处理单元、通信转接器相连构成网络，以实现信息的交换，并可构成"集中管理、分散控制"的分布式控制系统，满足工厂自动化（FA）系统发展的需要。各可编程序控制器或 I/O 模块按功能各自放置在生产现场进行分散控制，然后用网络连接起来，构成集中管理的分布式网络系统。

2.3 供料单元的结构

2.3.1 供料单元的功能

供料单元是 YL-335A 中的起始单元，在整个系统中，起着向系统中的其他单元提供原料的作用。具体的功能是：按照需要将放置在料仓中待加工工件（原料）自动地推出到物料台上，以便输送单元的机械手将其抓取，输送到其他单元上。图 2-26 所示为供料单元实物的全貌。

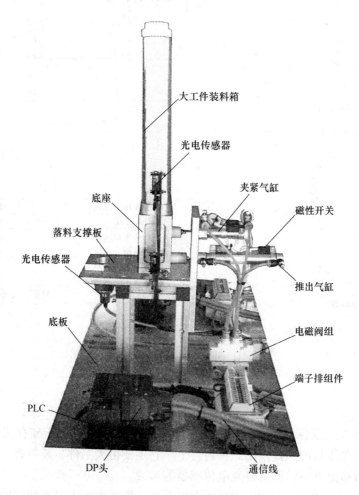

图 2-26 供料单元实物的全貌

2.3.2　供料单元的结构组成

供料单元的结构组成如图 2-27 所示。其主要结构组成为：工件推出与支撑、工件漏斗、电磁阀组、端子排组件、PLC、急停按钮和启动/停止按钮、走线槽、底板等。

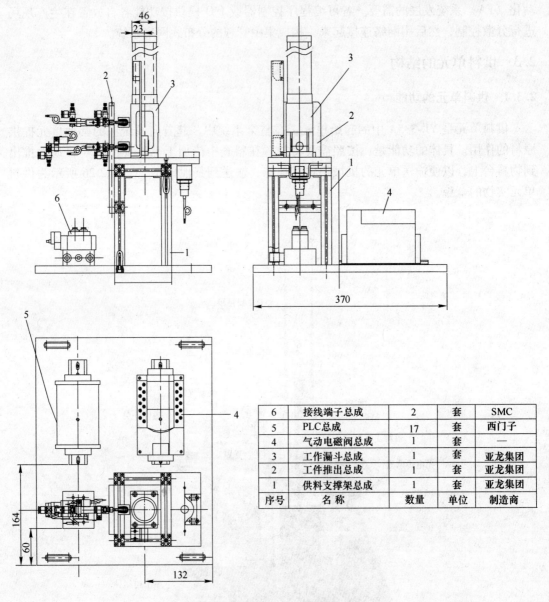

6	接线端子总成	2	套	SMC
5	PLC总成	17	套	西门子
4	气动电磁阀总成	1	套	—
3	工作漏斗总成	1	套	亚龙集团
2	工件推出总成	1	套	亚龙集团
1	供料支撑架总成	1	套	亚龙集团
序号	名　称	数量	单位	制造商

图 2-27　供料单元的主要结构组成

（1）工件推出与支撑及漏斗部分。该部分如图 2-28 所示，用于储存工件原料，并在需要时将料仓中最下层的工件推出到物料台上。它主要由大工件、装料管、推料气缸、顶料气缸、磁感应接近开关、漫反射光电传感器等组成。

该部分的工作原理是：工件垂直叠放在料仓中，推料缸处于料仓的底层并且其活塞杆可从料仓的底部通过。当活塞杆在退回位置时，它与最下层工件处于同一水平位置，而夹

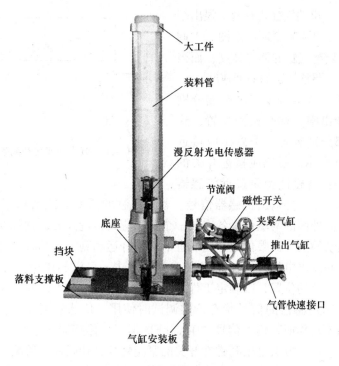

图 2-28　进料模块和物料台

紧气缸则与次下层工件处于同一水平位置。在需要将工件推出到物料台上时，首先使夹紧气缸的活塞杆推出，压住次下层工件；然后使推料气缸活塞杆推出，从而把最下层工件推到物料台上。在推料气缸返回并从料仓底部抽出后，再使夹紧气缸返回，松开次下层工件。这样，料仓中的工件在重力的作用下，就自动向下移动一个工件，为下一次推出工件做好准备。

　　为了使气缸的动作平稳可靠，气缸的作用气口都安装了限出型气缸节流阀。气缸节流阀的作用是调节气缸的动作速度。节流阀上带有气管的快速接头，只要将合适外径的气管往快速接头上一插就可以将管连接好了，使用时十分方便。图 2-29 是安装了带快速接头的限出型气缸节流阀的气缸外观。

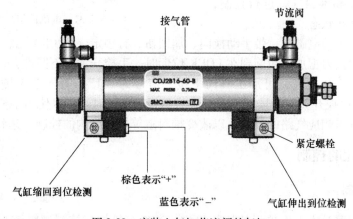

图 2-29　安装上气缸节流阀的气缸

图 2-30 是一个双动气缸装有两个限出型气缸节流阀的连接和调节原理示意图。当调节节流阀 A 时，调整气缸的伸出速度；而当调节节流阀 B 时，调整气缸的缩回速度。

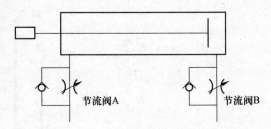

节流阀A　　　　　节流阀B

从图 2-29 中可以看到，气缸两端分别有缩回限位和伸出限位两个极限位置，这两个极限位置都分别装有一个磁感应接近开关，如图 2-30 所示。磁感应接近开关的基本工作原理是：当磁性物质接近传感器

图 2-30　节流阀连接和调整原理示意图

时，传感器便会动作，并输出传感器信号。若在气缸的活塞（或活塞杆）上安装上磁性物质，在气缸缸筒外面的两端位置各安装一个磁感应式接近开关，就可以用这两个传感器分别标识气缸运动的两个极限位置。当气缸的活塞杆运动到哪一端时，哪一端的磁感应式接近开关就动作并发出电信号。在 PLC 的自动控制中，可以利用该信号判断推料及顶料缸的运动状态或所处的位置，以确定工件是否被推出或气缸是否返回。在传感器上设置有 LED 显示用于显示传感器的信号状态，供调试时使用。传感器动作时，输出信号"1"，LED 亮；传感器不动作时，输出信号"0"，LED 不亮。传感器（也称为磁性开关）的安装位置可以调整，调整方法是松开磁性开关的紧定螺栓，让磁性开关顺着气缸滑动，到达指定位置后，再旋紧紧定螺栓。

（2）电磁阀组。电磁阀组，就是将多个阀与消声器、汇流板等集中在一起构成的一组控制阀的集成，而每个阀的功能是彼此独立的。供料单元的阀组只使用两个由二位五通的带手控开关的单电控电磁阀，两个阀集中安装在汇流板上，汇流板中两个排气口末端均连接了消声器，消声器的作用是减少压缩空气在向大气排放时的噪声。电磁阀组的结构如图 2-31 所示。本单元的两个阀分别对顶料气缸和推料气缸进行控制，以改变各自的动作状态。

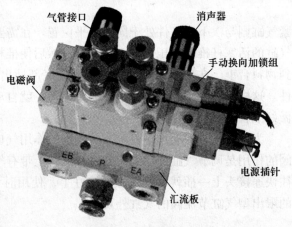

气管接口　　　　消声器　　手动换向加锁组　电磁阀　　电源插针　　汇流板

图 2-31　电磁阀组

本单元所采用的电磁阀，带手动换向、加锁钮，有锁定（LOCK）和开启（PUSH）2 个位置。用小螺丝刀把加锁钮旋到在 LOCK 位置时，手控开关向下凹进去，不能进行手控操作。只有在 PUSH 位置，可用工具向下按，信号为"1"，等同于该侧的电磁信号为"1"；常态时，手控开关的信号为"0"。在进行设备调试时，可以使用手控开关对阀进行控制，从而实现对相应气路的控制，以改变推料缸等执行机构的控制，达到调试的目的。

2.4　供料单元的控制

2.4.1　气动控制

气动控制回路是本工作单元的执行机构，该执行机构的控制逻辑控制功能是由 PLC

实现的。供料单元气动控制回路的工作原理图如图 2-32 所示。图中 1A 和 2A 分别为推料气缸和顶料气缸。1B1 和 1B2 为安装在推料缸的两个极限工作位置的磁感应接近开关，2B1 和 2B2 为安装在推料缸的两个极限工作位置的磁感应接近开关。1Y1 和 2Y1 分别为控制推料缸和顶料缸的电磁阀的电磁控制端。

气缸两端分别有缩回限位和伸出限位两个极限位置，这两个极限位置都分别装有一个磁性开关。当气缸的活塞杆运动到哪一端时，哪一端的磁性开关就动作发出电信号。

供料单元的阀组由两个二位五通的带手控开关的单电控电磁阀组成。两个电控电磁阀集中安装在汇流板上，汇流板中两个排气口末端均连接了消声器。两个电磁阀分别对顶料气缸和推料气缸进行控制，以改变各自的动作状态。

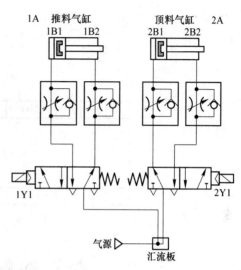

图 2-32　供料单元气动控制回路工作原理图

2.4.2 供料单元的 PLC 控制及编程

本单元中，在底座和装料管第四层工件位置，均安装了 1 个漫射式光电开关，分别用于判断料仓中有无储料和储料是否足够。物料台面开有小孔，物料台下面也设有一个漫反射式光电接近开关，向系统提供物料台有无工件的信号。

传感器信号占用 7 个输入点，留出 1 个点提供给启/停按钮作本地主令信号，则所需的 PLC I/O 点数为 8 点输入/2 点输出，见表 2-1。选用西门子 S7-222 主单元，共 8 点输入和 6 点继电器输出，供料单元 PLC 的 I/O 接线原理图如图 2-33 所示。

表 2-1　供料单元 PLC 的 I/O 信号表

输入信号				输出信号			
序号	PLC 输入点	信号名称	信号来源	序号	PLC 输出点	信号名称	信号来源
1	I0.0	顶料到位检测	按钮	1	Q0.0	顶料电磁阀	
2	I0.1	顶料复位检测		2	Q0.1	推料电磁阀	
3	I0.2	推料到位检测					
4	I0.3	推料复位检测					
5	I0.4	物料不够检测					
6	I0.5	物料有无检测					
7	I0.6	物料台物料检测					
8	I0.7	启/停按钮					

供料单元 PLC 的 I/O 接线是采用双层接线端子排连接的，端子排集中连接本工作单元所有电磁阀、传感器等器件的电气连接线、PLC 的 I/O 端口及直流电源。上层端子用作连接公共电源正、负极（V_{cc} 和 0V）。连接片的作用是将各分散端子片上层端子排进行电

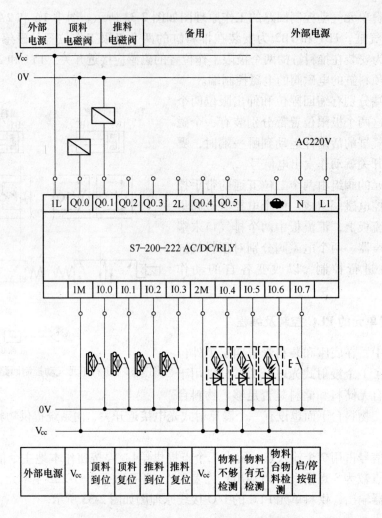

图 2-33　供料单元 PLC 的 I/O 接线原理图

气短接，下层端子用作信号线的连接。固定端板是将各分散的组成部分进行横向固定，保险座内插装有 2A 的保险管。接线端口上的每一个端子旁都有数字标号，以说明端子的位地址。接线端口通过导轨固定在底板上。图 2-34 和图 2-35 所示分别为本单元的接线端口外观和端子接线图。

【学习小结】

　　现代化的自动生产设备（自动生产线）的最大特点是综合性和系统性。在这里，机械技术、电工电子技术、传感器技术、PLC 控制技术、接口技术、驱动技术、网络通信技术、触摸屏组态编程等多种技术有机地结合，并综合应用到生产设备中；而系统性指的是生产线的传感检测、传输与处理、控制、执行与驱动等机构在 PLC 的控制下协调有序地工作并有机地融合在一起。

　　气动系统的基本组成部分：压缩空气的产生、压缩空气的传输、压缩空气的消耗（工作机）。气动技术相对于机械传动、电气传动及液压传动而言有许多突出的优点。对

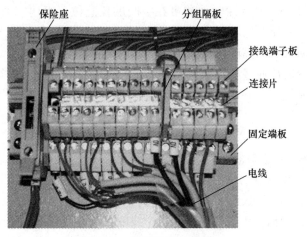

图 2-34 供料单元接线端口

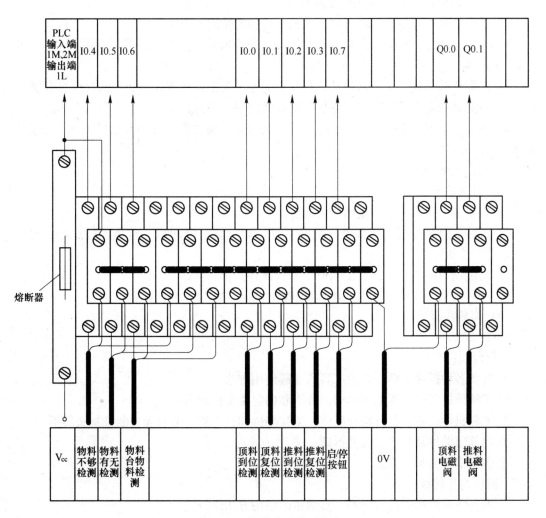

图 2-35 供料单元端子接线图

于传动形式而言，气缸作为线性驱动器可在空间的任意位置组建它所需的运动轨迹，安装、维护方便；工作介质取之不尽、用之不竭，不污染环境，成本低，压力等级低，使用安全，具有防火、防爆、耐潮的特点。

学习本部分内容时应通过训练熟悉供料单元的结构与功能，亲身实践自动生产线的气动技术、PLC 等控制技术，并使这些技术融会贯通。

【任务实施】

任务 1　供料单元机械拆装与调试

（1）任务地点：校内自动化生产线实训室。

（2）任务对象：YL-335A 型自动生产线。

（3）任务分组：依据学生人数和自动生产线的数目进行分组，并选定组长。

（4）任务目的：

1）锻炼和培养学生的动手能力。

2）加深对各类机械部件的了解，掌握其机械的结构。

3）巩固和加强机械制图课程的理论知识，为机械设计、专业课等后续课程的学习奠定必要的基础。

4）掌握机械总成、各零部件及其相互间的连接关系、拆装方法和步骤及注意事项。

5）锻炼动手能力，学习拆装方法和正确地使用常用机、工、量具和专门工具。

6）熟悉和掌握安全操作常识，零部件拆装后的正确放置、分类及清洗方法，培养文明生产的良好习惯。

7）通过电脑制图，绘制单个零部件图。

（5）任务内容：

1）识别各种工具，掌握正确使用方法。

2）拆卸、组装各机械零部件、控制部件，如气缸、电动机、转盘、过滤器、PLC、开关电源、按钮等。

3）装配所有的零部件，装配到位，密封良好，转动自如。

注：在拆卸零件的过程中整体的零件不允许破坏性拆开，如气缸、丝杆副等。

（6）实施步骤：

1）拆卸。

工作台面：

① 准备各种拆卸工具，熟悉工具的正确使用方法。

② 了解所拆卸的机器主要结构，分析和确定主要拆卸内容。

③ 推料机构、物料台及料仓底座、支撑架拆卸；气缸、节流阀、装推料头等拆卸。

④ 内部辅助件及其他零部件拆卸、清洗。

⑤ 各零部件分类、清洗、记录等。

元器件与连接线：

① 准备各种拆卸工具，熟悉工具的正确使用方法。

② 了解所拆卸的器件主要分布，分析和确定主要拆卸内容。

③ PLC、空气开关、熔断丝座、I/O 接口板、转接端子及端盖、开关电源、导轨

拆卸。

④ 各元器件分类、注意元器件的分布结构、记录等。

2）组装。

① 在教师指导下，熟悉本单元功能和动作过程；观看本单元安装录像；在现场观察了解本单元结构，供料单元组件，如图 2-36 所示。

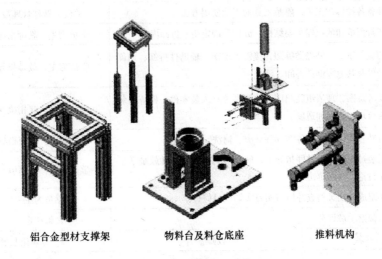

铝合金型材支撑架　　　　物料台及料仓底座　　　　推料机构

图 2-36　供料单元组件

② 在独立安装时，首先把传感器支架安装在落料支撑板下方，在支撑板上装底座。注意：出料口方向朝前，与挡料板方向一致。然后装 2 个传感器支架。把以上整体安装在落料支撑架上。注意：支撑架的横向方向是在后面，螺丝先不要拧紧，方向不能反，安装气缸支撑板后再固定紧。

③ 在气缸支撑板上装两个气缸，安装节流阀，装推料头，然后固定在落料板支架上。

④ 把以上整体安装到底板上，并固定于工作台上，在工作台第 4 道、第 10 道槽口安装螺丝固定。

⑤ 安装大工件装料箱（俗称料筒或料仓），安装光电传感器、金属传感器和磁性开关。

3）供料单元机械拆装任务书。表 2-2～表 2-4 为实训相关表格。

表 2-2　培训项目执行进度单

项目执行进度单		项目名称	项目执行人	编号
		供料单元的拆装		
班级名称		开始时间	结束时间	总学时
班级人数				
项目执行进度				
序号	内　容		方　式	时间分配
1	根据实际情况调整小组成员，布置实训任务		教师安排	5min

序号	内　容	方　式	时间分配
2	小组讨论、查找资料，根据生产线的工作站单元总图、气动回路原理图、安装接线图，并列出单元机械组成、各零件数量、型号等	学员为主，教师点评	20min
3	准备各种拆卸工具，熟悉工具的正确使用方法	学员，器材管理员	10min
4	了解所拆卸的机器主要结构，分析和确定主要拆卸内容	学员为主，教师指导	10min
5	端盖、压盖、外壳类拆卸；接管、支架、辅助件拆卸；内部辅助件及其他零部件拆卸、清洗	学员为主，教师指导	45min
6	参考总图，理清组装顺序。检测是否有未装零件，检查组装是否合理、正确和适度	学员为主，互相检查	45min
7	拆装过程中，做好各零部件分类、清洗、记录等	学员为主，教师指导	15min
8	组装过程中，在教师指导下，解决碰到的问题，并鼓励学生互相讨论，自己解决	学员为主，教师引导	10min
9	小组成员交叉检查并填写实习实训项目检查单	学员为主	10min
10	教师给学员评分	教师评定	10min
执行人签名	教师签名	专业组长签名	

表 2-3　培训项目设备、工具、耗材准备单

项目设备、工具、耗材准备单	项目名称	项目执行人	编　号
	供料单元的拆装		
班级名称		开始时间	结束时间
班级人数			

项目设备、工具

类型	序号	名　称	型　号	数量	备　注
设备	1	自动生产线实训装置	YL-335A 型	3 台	每个工作站安排 4 人
工具	1	数字万用表	9205	1 块	实验实训教研室
	2	十字螺丝刀	8寸、4寸	2 把	
	3	一字螺丝刀	8寸、4寸	2 把	
	4	镊子		1 把	
	5	尖嘴钳	6寸	1 把	
	6	扳手			
	7	内六角扳手		1 套	
执行人签名	教师签名		专业组长签名		

表 2-4　培训项目检查单

项目名称		项目指导教师	编号
供料单元的拆装			
班级名称	检查人	检查时间	检查评价
检查内容	检查要点	评价	
参与查找资料，掌握生产线的工作站单元总图、气动回路原理图、安装接线图	能读懂图并且速度快		
列出单元机械组成，各零件数量、型号等	名称正确，了解结构		
工具摆放整齐	在操作中按照文明规范的要求		
工具的使用	识别各种工具，掌握正确使用方法		
拆卸、组装各机械零部件、控制部件	熟悉和掌握安全操作常识，零部件拆装后的正确放置、分类及清洗方法		
装配所有零部件	检查是否有未装零件，检查组装是否合理、正确和适度		
调试时操作顺序	机械部件状态（如运动时是否干涉、连接是否松动）正确和可靠气管连接		
调试成功	工作站各机械能正确完成工作，装配到位，密封良好，转动自如		
拆装出现故障	排除故障的能力以及对待故障的态度		
与小组成员合作情况	能否与其他同学和睦相处，团结互助		
遵守纪律方面	按时上、下课，不中退		
地面、操作台干净	接线完毕后能清理现场的垃圾		
小组意见			
教师审核			
被检查人签名	教师评定	教师签名	

任务 2　供料单元电气控制拆装与调试

子任务 1　电气控制线路的分析和拆装

（1）任务地点：校内自动化生产线实训室。

（2）任务对象：亚龙 335A 型自动生产线。

（3）任务分组：依据学生人数和自动生产线的数目进行分组，并选定组长。

（4）任务目的：

1）掌握电路的基础知识、注意事项和基本操作方法。

2）能正确使用常用接线工具。

3）能正确使用常用测量工具（如万用表）。

4）掌握电路布线技术。

5）能安装和维修各个电路。

6）掌握 PLC 外围直流控制及交流负载线路的接法及注意事项。

（5）实施步骤：

1）工艺流程。

① 根据原理图、气动原理图绘制接线图，可参考实训台上的接线。

② 按绘制好的接线图，研究走线方法，并进行板前明线、布线和套编码管。

③ 根据绘制好的接线图，完成实训台台面、网孔板的接线。

④ 按图检测电路，经教师检测后，通电可进行下一步工作。

2）参考图纸如图 2-37 所示。

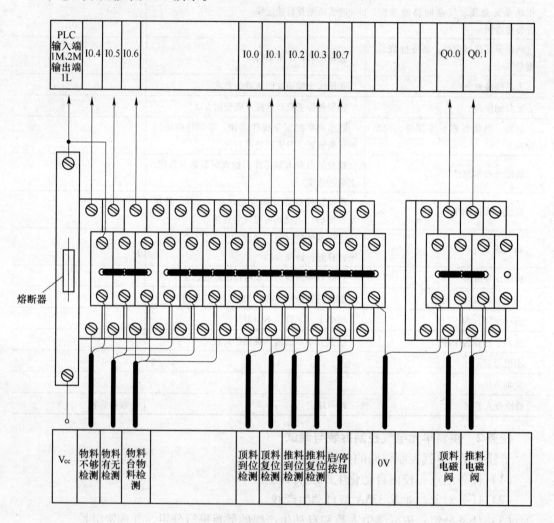

图 2-37　供料单元端子接线图

3）调试注意。

① 推料位置要手动调整推料气缸或者挡料板位置，调整后，再固定螺栓。否则，位置不到位会引起工件推偏。

② 磁性开关的安装位置可以调整，调整方法是松开磁性开关的紧定螺栓，让它顺着气缸滑动。到达指定位置后，再旋紧紧定螺栓。注意：夹料气缸只要把工件夹紧即可，因

此行程很短，它上面的 2 个磁性开关几乎靠在一起。如果磁性开关安装位置不当，会影响控制过程。

③ 底座和装料管安装的光电开关，若该部分机构内没有工作，光电开关上的指示灯不亮；若在底层起有 3 个工件，底层处光电开关亮，而第四层处光电接近开关不亮；若在底层起有 4 个或者以上工件，2 个光电开关都亮。否则，调整光电开关位置或者光强度。

④ 物料台面开有小孔，物料台下面也设有一个光电开关，工作时向上发出光线，从而透过小孔检测是否有工件存在，以便向系统提供本单元物料台有无工件的信号。在输送单元的控制程序中，就可以利用该信号状态来判断是否需要驱动机械手装置来抓取此工件。该光电开关选用圆柱形的光电接近开关（MHT15-N2317 型）。注意：所有工件中心也有个小孔，调整传感器位置时，防止传感器发出光线透过工件中心小孔而没有反射，从而引起误动作。

⑤ 所采用的电磁阀，带手动换向、加锁钮，有锁定（LOCK）和开启（PUSH）2 个位置。用小螺丝刀把加锁钮旋到 LOCK 位置时，手控开关向下凹下去，不能进行手控操作。只有在 PUSH 位置，可用工具向下按，信号为 1，等同于该侧的电磁信号为 1；常态时，手控开关的信号为 0。在进行设备调试时，可以使用手控开关对阀进行控制，从而实现对相应气路的控制，以改变推料缸等执行机构的控制，从而达到调试目的。

子任务 2　供料站程序设计

（1）任务地点：校内自动化生产线实训室。

（2）任务对象：

1）亚龙 335A 型自动生产线。

2）安装有 Windows 操作系统的 PC 机一台（具有 STEP7 MICROWIN 软件）。

3）PLC（西门子 S7-200 系列）一台。

4）PC 与 PLC 的通信电缆一根（PC/PPI）。

（3）任务分组：依据学生人数和自动生产线的数目进行分组，并选定组长。

（4）供料站程序设计：

1）工艺流程。在网络控制方式下供料单元的控制要求如下：系统启动后，供料站把待加工工件推到物料台上，向系统发出物料台有物料信号，并且推料气缸缩回，准备下一次推料。若供料站的料仓和料槽内没有工件或工件不足，则向系统发出报警或预警信号。物料台上的工件被输送站机械手取出后，须等待系统本工作周期结束，输送站机械手装置返回原点位置，才能进行下一次推出工件操作。如果在工作过程中，系统曾发出停止信号，则不再进行下一次推料操作。

由控制要求可知，程序应包括两部分：一是如何响应系统的启动、停止指令和状态信息的返回；二是送料过程的控制。可以编写实现这两个功能的子程序，在主程序中调用。

2）任务编程。

① 本地控制。YL-335A 允许各工作单元作为独立设备运行，但在供料单元中，主令信号输入点被限制为 1 个，如果需要有启动和停止 2 种主令信号，只能由软件编程实现。图 2-38 所示为用一个按钮产生启动/停止信号的程序。

② 网络控制。YL-335A 着重考虑采用 RS485 串行通信实现的网络控制方案，系统的

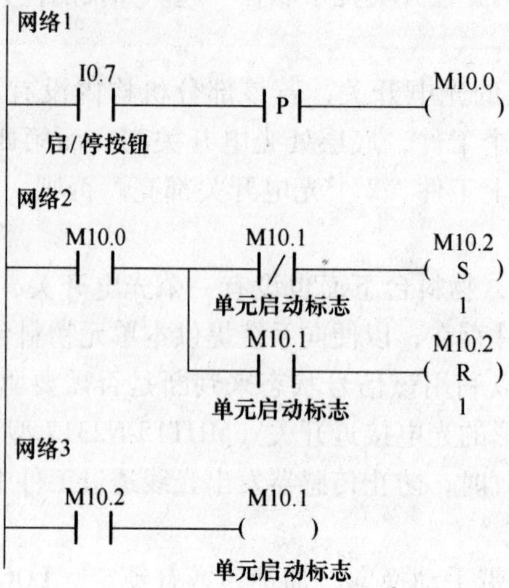

网络1
I0.7
P
M10.0
启/停按钮
网络2
M10.0
M10.1
M10.2
S
1
单元启动标志
M10.1
M10.2
R
1
单元启动标志
网络3
M10.2
M10.1
单元启动标志

图 2-38　用一个按钮产生启动/停止信号的程序

主令信号均从连接到输送站 PLC（主站）的按钮/指示灯模块发出，经输送站 PLC 程序处理后，把控制要求存储到其发送缓冲区，通过调用 NET_ EXE 子程序，向各从站发送控制要求，以实现各站的复位、启动、停止等操作。供料、加工、装配、分拣各从站单元在运行过程中的状态信号，应存储到该单元 PLC 规划好的数据缓冲区，等待主站单元的读取而回馈到系统，以实现整个系统的协调运行。

主站单元发送的控制要求，存放在供料单元 VB1000 处，而供料单元运行过程中需要回馈到系统的状态信号则应写入到 VB1010 处。VB1000 和 VB1010 的具体内容以及控制程序如何编制，取决于系统工艺过程的要求，下面以 YL-335A 出厂例程为实例说明。

① 主程序梯形图如图 2-39 所示。

网络1
主程序
SM0.0
送料
EN
启动停止
EN

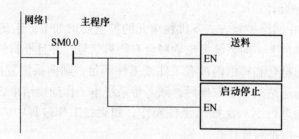

图 2-39　主程序梯形图

② 启动/停止子程序梯形图如图 2-40 所示。

③ 送料子程序梯形图如图 2-41 所示。

2.4.3　供料单元电气控制拆装任务书

供料单元电气控制拆装任务书见表 2-5 和表 2-6。

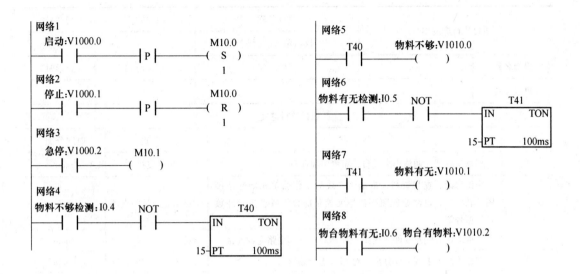

网络1
启动:V1000.0　⊣P⊢　M10.0（S）1

网络2
停止:V1000.1　⊣P⊢　M10.0（R）1

网络3
急停:V1000.2　M10.1（　）

网络4
物料不够检测:I0.4　NOT　T40 IN TON 15-PT 100ms

网络5
T40　物料不够:V1010.0（　）

网络6
物料有无检测:I0.5　NOT　T41 IN TON 15-PT 100ms

网络7
T41　物料有无:V1010.1（　）

网络8
物台物料有无:I0.6　物台有物料:V1010.2（　）

图 2-40　启动/停止子程序梯形图

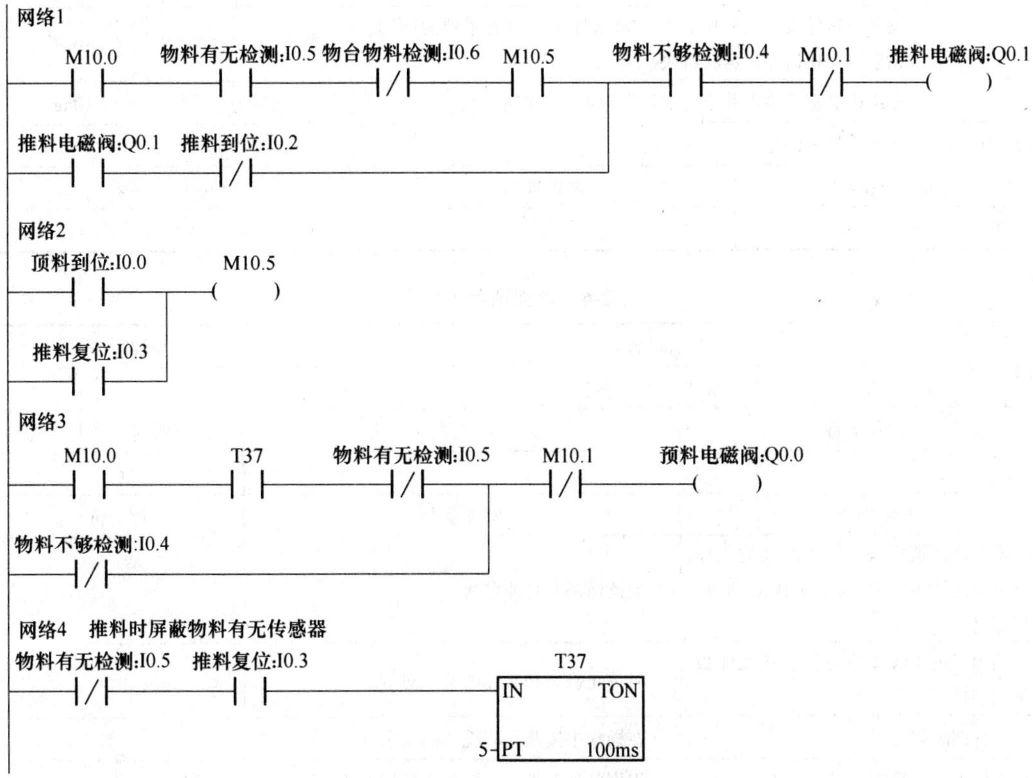

网络1
M10.0　物料有无检测:I0.5　物台物料检测:I0.6　M10.5　物料不够检测:I0.4　M10.1　推料电磁阀:Q0.1（　）
推料电磁阀:Q0.1　推料到位:I0.2

网络2
顶料到位:I0.0　M10.5（　）
推料复位:I0.3

网络3
M10.0　T37　物料有无检测:I0.5　M10.1　预料电磁阀:Q0.0（　）
物料不够检测:I0.4

网络4　推料时屏蔽物料有无传感器
物料有无检测:I0.5　推料复位:I0.3　T37 IN TON 5-PT 100ms

图 2-41　送料子程序梯形图

表 2-5　培训项目执行进度单

项目执行进度单		项目名称	项目执行人	编　号
		供料单元的拆装		
班级名称		开始时间	结束时间	总学时
班级人数				

项目执行进度				
序号	内　　　容		方　　式	时间分配
1	根据实际情况调整小组成员，布置实训任务		教师安排	5min
2	小组讨论、查找资料，根据生产线的工作站单元硬件连接图、软件控制电路原理图列出单元控制部分组成、各元件数量、型号等		学员为主，教师点评	10min
3	根据 I/O 分配及硬件连线图，对 PLC 的外部线路完成连接		学员为主，教师点评	10min
4	根据控制要求及 I/O 分配，对 PLC 进行编程		学员为主，教师指导	45min
5	检查硬件线路并对出现的故障进行排除		学员为主，互相检查	45min
6	画出程序流程图或顺序功能图并记录，以备调试程序时参考		学员为主，教师指导	20min
7	检查程序，并根据出现的问题调整程序，直到满足控制要求为止		学员为主，教师指导	15min
8	硬件及软件实训过程中，在教师指导下，解决碰到的问题，鼓励学生互相讨论，自己解决		学员为主，教师引导	10min
9	小组成员交叉检查并填写实习实训项目检查单		学员为主	10min
10	教师给学员评分		教师评定	10min
执行人签名		教师签名	专业组长签名	

表 2-6　培训项目检查单

项目名称			项目指导教师	编　号
供料单元的拆装				
班级名称		检查人	检查时间	检查评价
检查内容		检查要点	评　价	
参与查找资料，掌握生产线的工作站单元硬件连接图、I/O 分配原理图、程序流程图		能读懂图并且速度快		
列出单元 PLC I/O 分配、各元件数量、型号等		名称正确，和实际的一一对应		
工具摆放整齐		在操作中按照文明规范的要求		
万用表等工具的使用		识别各种工具，掌握正确使用方法		
传感器等控制部件的正确安装		熟悉和掌握安全操作常识，零元件安装后的正确放置、连线及测试方法		

检查内容	检查要点	评 价
装配所有元件后，通电联调	检查是否能正确动作，对出现的故障能否排除	
调试程序时的操作顺序	是否有程序流程图，调试是否有记录以及故障的排除	
调试成功	各工作站能分别正确完成工作，运行良好	
硬件及软件出现故障	排除故障的能力以及对待故障的态度	
与小组成员合作情况	能否与其他同学和睦相处，团结互助	
遵守纪律方面	按时上、下课，不中退	
地面、操作台干净	接线完毕后能清理现场的垃圾	
小组意见		
教师审核		
被检查人签名	教师评等	教师签名

任务3 供料单元的调试及故障诊断

（1）任务地点：校内自动化生产线实训室。

（2）任务对象：亚龙335A型自动生产线。

（3）任务分组：依据学生人数和自动生产线的数目进行分组，并选定组长。

（4）任务目的：

1）掌握供料单元的调试方法。

2）掌握供料单元的故障诊断方法。

（5）实施步骤：

1）供料单元的手动测试。在手动工作模式下，需在供料站侧首先把该站模式转换开关换到单站工作模式，然后用该站的启动和停止按钮操作，单步执行指定的测试项目（应确保料仓中至少有3件工件）。要从供料单站运行方式切换到全线运行方式，须待供料站停止运行，且供料站料仓内至少有3件以上工件才有效。必须在前一项测试结束后，才能按下启动/停止按钮，进入下一项操作。顶料和推料气缸活塞的运动速度通过节流阀进行调节。

2）调试运行。在编写、传输、调试程序的过程中，能进一步了解掌握设备调试的方法、技巧及注意点，培养严谨的作风，需做到以下几点：

① 在下载、运行程序前，必须认真检查程序。在检查程序时，重点检查：各个执行机构之间是否会发生冲突；采用了什么样的措施避免冲突；同一执行机构在不同阶段所做的动作是否区分开了（只有认真、全面检查了程序，并确定准确无误时，才可以运行程序。若在不经过检查的情况下直接在设备上运行所编写的程序，如果程序存在问题，就很容易造成设备损毁和人员伤害）。

② 在调试过程中，仔细观察执行机构的动作，并且在调试运行记录表（见表2-7）中做好实时记录，并将其作为依据，来分析程序可能存在的问题。如果程序能够实现预期的控制功能，则应该多运行几次，以便检查其运行的稳定性，然后进行程序优化。

③ 总结经验，把调试过程中遇到的问题、解决的方法记录下来。

④ 在运行过程中，应该时刻注意现场设备运行情况，一旦发生执行机构相互冲突事

件，应该及时采取措施（如急停、切断执行机构控制信号、切断气源和切断总电源等），以免造成设备的损毁。

3）检测供料单元供给工件情况。测试状况：

① 系统启动后，供料单元顶料气缸的活塞杆推出，压住次下层工件；然后使推料气缸活塞杆推出，从而把最下层待加工工件推到物料台上，接着把供料操作完成信号存储到供料单元 PLC 模块的数据存储区，等待主站读取；并且推料气缸缩回，顶料气缸缩回，准备下一次推料。

② 若供料站的料仓没有工件或工件不足，则将报警或预警信号存储到供料单元 PLC 模块的数据存储区，等待主站读取。

③ 物料台上的工件被输送站机械手取出后，若系统启动信号仍然为 ON，则进行下一次推出工件操作。

如果顶料气缸不能够完成推料动作，或者将工件推倒，其故障产生的原因有：

① 气缸动作气路压力不足。

② 节流阀的调节量小，使气压不足。

③ 节流阀的调节量大，使气缸动作过快。

④ 料仓中的工件不能够自行掉落到位。

⑤ 气缸动作电磁阀故障。

⑥ 料仓中无工件。

4）检查输送站能否准确抓取供料站上的工件情况。测试状况：在工件推到供料站物料台后，输送站抓取机械手装置应移动到供料站物料台的正前方，然后执行抓取供料站工件的操作。

如果物料台上的工件没有被输送站机械手抓取，其故障产生的原因有：

① 输送单元没有读取到供料单元的推料完成信号。

② 供料单元料台上的工件检测传感器故障。

③ 输送单元气缸动作气路压力不足。

④ 节流阀的调节量过小，使气压不足。

⑤ 输送单元各气缸动作电磁阀故障。

调试运行记录表见表 2-7。

表 2-7　调试运行记录表

操作步骤 \ 观察项目 结果	光电开关（物料有无）	光电开关（物料够不够）	金属传感器	推料气缸	顶料气缸	推料气缸磁性开关	顶料气缸磁性开关
料筒放入 4 个工件							
按启动钮，顶料到位							
推料到位							
推料复位							
顶料复位							
顶料到位							

可用表2-8对供料单元的安装与调试进行评分。

表2-8 总评分表

评 分 表 学年	工作形式 □个人 □小组分工 □小组		实际工作时间	
项目训练	训练内容	训练要求	学生自评	教师评分
供料单元	1. 工作计划与图纸（20分） 工作计划 材料清单 气路图 电路图 程序清单	电路绘制有错误，每处扣0.5分；机械手装置运动的限位保护没有设置或绘制有错误，扣1.5分；主电路绘制有错误，每处扣0.5分；电路符号不规范，每处扣0.5分，最多扣2分		
	2. 部件安装与连接（20分）	装配未能完成，扣2.5分；转配完成，但有紧固件松动现象，扣1分		
	3. 连接工艺（20分） 电路连接工艺 气路连接工艺 机械安装及装配工艺	端子连接，插针压接不牢或超过2根导线，每处扣0.5分，端子连接处没有线号，每处扣0.5分，两项最多扣3分；电路接线没有绑扎或电路线凌乱，扣2分；机械手装置运动的限位保护未接线或接线错误，扣1.5分；气路连接未完成或有错，每处扣2分；气路连接有漏气现象，每处扣1分，气缸节流阀调整不当，每处扣1分；气管没有绑扎或气路连接凌乱，扣2分		
	4. 测试与功能（30分） 夹料功能 送料功能 整个装置全面检测	启动/停止方式不按控制要求，扣1分；运动测试不满足要求，每处扣0.5分；工件送料测试，但推出位置明显偏差，每处扣0.5分		
	5. 职业素养与安全意识（10分）	现场操作安全保护符号安全操作规程；工具摆放、包装物品、导线线头等的处理符合职业岗位的要求；团队有分工、有合作，配合紧密；遵守纪律，尊重教师，爱惜设备和器材，保持工位的整洁		

【任务小结】

（1）通过训练，大家熟悉了供料单元的结构，亲身实践、了解气动控制技术、传感器技术、PLC控制技术的应用，并且在一个单元中将它们有机地融合在一起，体现了机电一体化控制技术的实现应用。

（2）掌握工程工作方法，并培养严谨的工作作风。

【思考与训练】

（1）料仓中工件少于4个时，传感器提示报警，这如何在程序中反映？

（2）如何在程序中实现单循环、手动单步、全自动控制的转化？

（3）了解当前国内、国际上的主要自动化生产线生产厂家以及当前自动控制技术的进展。

（4）了解当前国内、国际上的主要 PLC 设备生产厂家以及当前 PLC 技术的进展、应用领域与行业。

学习情境 3　加工单元的安装与调试

【学习目标】

（1）知识目标：

1）认知自动化生产线加工单元的基本结构。

2）掌握自动化生产线中的可编程序控制器的使用方法。

3）掌握加工单元机械拆装与调试方法。

4）掌握加工单元气动控制回路分析、连接方法。

5）掌握加工单元电气线路分析、连接方法。

6）掌握加工单元控制程序设计与调试方法。

（2）能力目标：

1）能动手装配加工单元，包括机械、气路、电路等各组成部分。

2）能编制加工单元的 PLC 控制程序并调试。

3）能诊断加工单元出现的各种故障，并解决故障。

（3）素养目标：

1）培养学生对本专业实际工作的兴趣和热爱。正所谓：兴趣是学习的最大动力。

2）训练学生自主学习、终身学习的意识和能力。正所谓：授人以鱼，不如授之以渔。

3）培养学生理论联系实际的严谨作风，建立用科学的手段去发现问题、分析问题、解决问题的一般思路。

4）培养学生刻苦钻研、勇于拼搏的精神和敢于承担责任的勇气。

5）促使学生建立正确的人生观、世界观，树立一个良好的职业心态，增强面对事业挫折的能力。

6）解放思想、启发思维，培养学生勇于创新的精神。

【任务引入】

供料单元把物料传输到加工单元，在加工单元实现对物料的加工，那在加工单元是如何实现物料的加工呢？

【任务描述】

加工单元的结构涉及传感器、气动结构、机械结构和电气部分，安装过程锻炼和培养学生的动手能力。加工单元完成对工件的冲压加工，然后把加工好的工件重新送回物料台。滑动物料台在系统正常工作后的初始状态为伸缩气缸伸出、物料台气动手爪张开的状态，当输送机构把物料送到料台上，物料检测传感器检测到工件后，PLC 控制程序按驱动气动手指将工件夹紧→物料台回到加工区域冲压气缸下方→冲压气缸活塞杆向下伸出冲压工件→完成冲压动作后向上缩回→物料台重新伸出→到位后气动手指松开的顺序完成工件加工工序，并向系统发出加工完成信号，为下一次工件到来加工做准备。

【知识准备】

3.1　传感器认知

　　传感器是 PLC 的眼睛，PLC 能做出正确的判断，全靠传感器的正确检测、输入。按被测量参数分类，传感器可分为位置、位移、力（重量）、力矩、转速、振动、加速度、温度、压力、流量、流速等传感器。位置传感器是用来识别物体的不同材质或是检测物体是否到达预定位置的器件，是现代自动生产线常用的传感器，按测量原理可分为磁控式（磁场变化）接近开关、感应式（金属物体）接近开关、光电式接近开关。

　　在 YL-335A 自动化生产线中主要用到了磁性开关、电感式接近开关、光电开关、光纤传感器、光电编码器等 5 种传感器，见表 3-1。

表 3-1　YL-335A 中使用的传感器

传感器名称	传感器图片	图形符号	在 YL-335A 中的用途
磁性开关	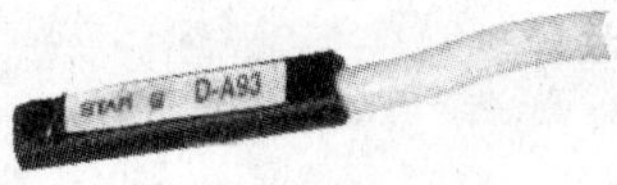	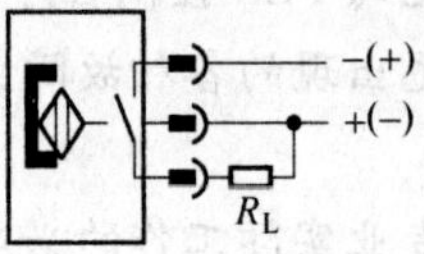	用于自动化生产线各个单元的气缸活塞的位置检测
光电开关	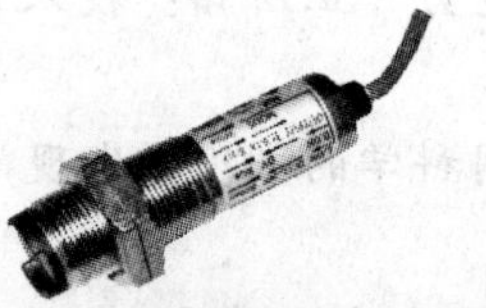	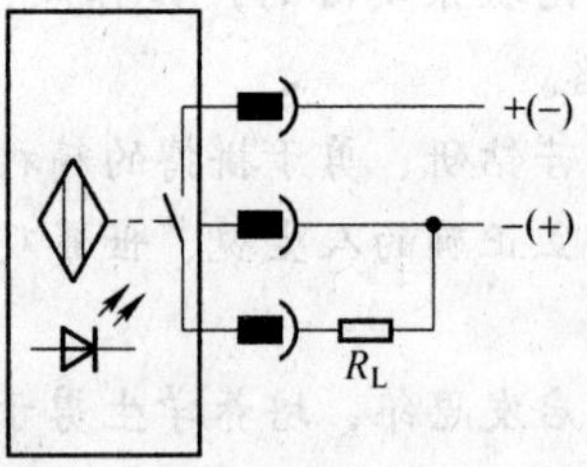	用于分拣单元工件检测
			用于供料单元的工件检测
光纤传感器		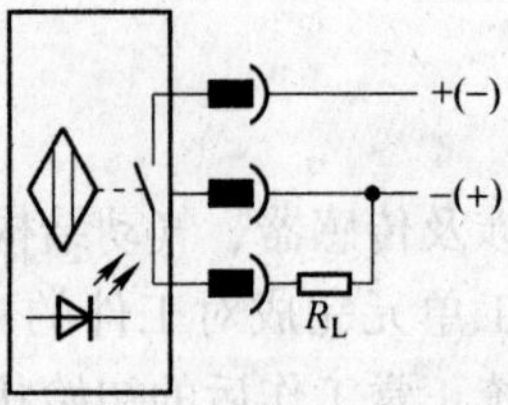	用于分拣单元不同颜色工件检测

续表 3-1

传感器名称	传感器图片	图形符号	在 YL-335A 中的用途
电感式接近开关			用于分拣单元不同金属工件检测
光电编码器			用于分拣单元的传动带的位置控制及转速测量

3.1.1 磁性开关的简介及应用

3.1.1.1 磁性开关简介

在 YL-335A 自动化生产线中，磁性开关用于各类气缸的位置检测，用两个磁性开关来检测机械手上气缸伸出和缩回到位的位置，如图 3-1 所示。

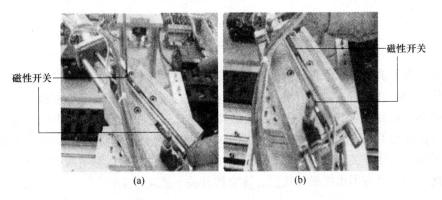

图 3-1　磁性开关的应用实例

（a）气缸伸出到位；（b）气缸缩回到位

磁力式接近开关（简称磁性开关）是一种非接触式位置检测开关，这种非接触式位置检测不会磨损和损伤检测对象物，响应速度高。磁性开关用于检测磁性物质的存在；安装方式有导线引出型、接插件式、接插件中继型；根据安装场所环境的要求，接近开关可选择屏蔽式和非屏蔽式。其实物图及电气符号图如图 3-2 所示。

当有磁性物质接近图 3-3 所示的磁性开关传感器时，传感器动作，并输出开关信号。在实际应用中，在被测物体上，如在气缸的活塞（或活塞杆）上安装磁性物质，在气缸

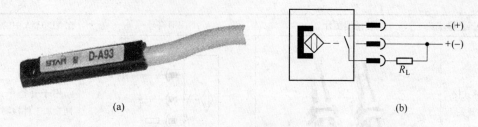

(a) (b)

图 3-2 磁性开关
（a）实物图；（b）电气符号图

缸筒外面的两端位置各安装一个磁感应式接近开关，就可以用这两个传感器分别标识气缸运动的两个极限位置。

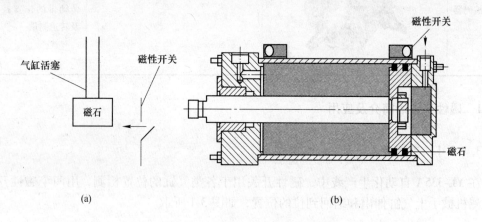

(a) (b)

图 3-3 磁力式接近开关传感器的动作原理
（a）示意图；（b）气缸与磁性开关

磁控接近开关的工作原理：干簧管是最简单的磁控接近开关，如图 3-4 所示。当有磁性物体接近磁控开关时，磁控开关被磁化而使得接点吸合在一起，从而使回路接通。磁性开关的内部电路如图 3-5 虚线框内所示，磁性开关有蓝色和棕色 2 根引出线，使用时蓝色引出线应连接到 PLC 输入公共端，棕色引出线应连接到 PLC 输入端子。为了防止实训时错误接线损坏磁性开关，YL-335A 上所有磁性开关的棕色引出线都串联了电阻和二极管支路。因此，使用时若引出线极性接反，该磁性开关不能正常工作。

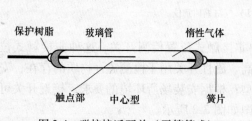

图 3-4 磁控接近开关（干簧管式）

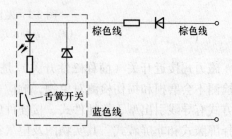

图 3-5 磁性开关内部电路

3.1.1.2 磁性开关的安装与调试

在自动生产线的控制中，可以利用该信号判断气缸的运动状态或所处的位置，以确定工件是否被推出或气缸是否返回。

（1）电气接线与检查。重点要考虑传感器的尺寸、位置、安装方式、布线工艺、电缆长度以及周围工作环境等因素对传感器工作的影响。按照图3-5将磁性开关与PLC的输入端口连接。

在磁性开关上设备LED，用于显示传感器的信号状态，供调试与运行监视时观察。当气缸活塞靠近，接近开关输出动作，输出"1"信号，LED亮；当没有气缸活塞靠近，接近开关输出不动作，输出"0"信号，LED不亮。

（2）磁性开关在气缸上的安装与调整。磁性开关与气缸配合使用，如果安装不合理，可能使得气缸的动作不正确。当气缸活塞移向磁性开关，并接近到一定距离时，磁性开关才有"感知"，开关才会动作，通常把这个距离称为"检出距离"。

在气缸上安装磁性开关时，先把磁性开关装在气缸上，磁性开关的安装位置根据控制对象的要求调整，调整方法简单，只要让磁性开关到达指定位置后，用螺丝刀旋紧固定螺钉（或螺帽）即可，如图3-6所示。

气缸

磁性开关

图3-6 磁性开关的调整

3.1.2 光电开关的简介及应用

磁性开关通常用于检测气缸活塞的位置，如果检测其他类型的工件的位置怎么办呢？例如一个浅色塑料工件，这时就可以选择其他类型的接近开关，如光电开关。

3.1.2.1 光电开关简介

光电接近开关（简称光电开关）通常在环境条件比较好、无粉尘污染的场合下使用。光电开关工作时被测对象几乎无任何影响，因此，在生产线上被广泛地使用。在供料单元中，料仓中工件的检测利用的就是光电开关。

在底座和装料管第4层工件位置，分别安装一个漫射式光电开关。漫射式光电接近开关是利用光照射到被测物体上后反射回来的光线而工作的，由于物体反射的光线为漫射光，故称为漫射式光电接近开关。它的光发射器与光接收器处于同一侧位置，且为一体化结构。在工作时，光发射器始终发射检测光，若接近开关前方一定距离内没有物体，则没有光被反射到接收器，接近开关处于常态而不动作；反之，若接近开关的前方一定距离内出现物体，只要反射回来的光强度足够，则接收器接收到足够的漫射光就会使接近开关动作而改变输出的状态。图3-7所示为漫射式光电接近开关的工作原理。

由此可见，若该部分机构内没有工件，则处于底层和第4层位置的两个漫射式光电接近开关均处于常态；若仅在底层起有3个工件，则底层处光电接近开关动作而第4层处光电接近开关常态，表明工件已经快用完了。这样，料仓中有无储料或储料是否足够，就可用这两个光电接近开关的信号状态反映出来。在控制程序中，就可以利用该信号状态来判断底座和装料管中储料的情况，为实现自动控制奠定了硬件基础。

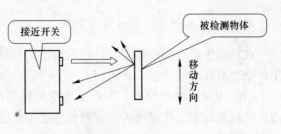

图 3-7　漫射式光电接近开关的工作原理

供料单元中，用来检测工件不足或工件有无的漫射式光电接近开关选用 OMRON 公司的 E3Z-L 型放大器内置型光电开关（细小光束型）。该光电开关的外形和顶端面上的调节旋钮和显示灯如图 3-8 所示。它由光源（发射光）和光敏元件（接收光）两部分组成。

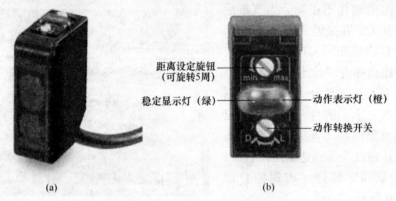

图 3-8　E3Z-L 光电开关的外形和调节旋钮、显示灯

（a）E3Z-L 型光电开关外形；（b）调节旋钮和显示灯

3.1.2.2　光电开关在分拣单元中的应用

在自动化生产线的分拣单元中，当工件进入分拣输送带时，分拣站上光电开关发出的光线遇到工件反射回自身的光敏元件，光电开关输出信号启动输送带运转。

（1）电气与机械安装。根据机械安装图将光电开关初步安装固定，然后连接电气接线。

图 3-9 所示为 E3Z-L 光电开关的内部电路原理框图。在该图中，光电开关具有电源极性及输出反接保护功能。光电开关具有自我诊断功能，当对设置后的环境变化（温度、电压、灰尘等）的裕度满足要求，稳定显示灯显示（如果裕度足够，则灯亮）。当接收光的光敏元件接收到有效光信号，控制输出的三极管导通，同时动作显示灯显示。这样光电开关能检测自身的光轴偏离、透镜（传感器）的污染、地面和背景对其影响、外部干扰的状态等传感器的异常和故障，有利于进行养护，以便设备稳定工作。

被推料缸推出的工件将落到物料台上。物料台面开有小孔，物料台下面设有一个圆柱形漫射式光电接近开关，工作时向上发出光线，从而透过小孔检测是否有工件存在，以便向系统提供本单元物料台有无工件的信号。在输送单元的控制程序中，就可以利用该信号状态来判断是否需要驱动机械手装置来抓取此工件。该光电开关选用 OTS41 型。

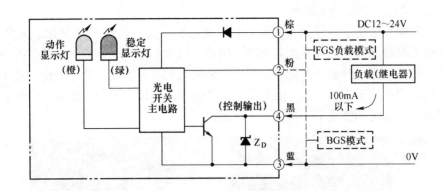

图 3-9 E3Z-L 光电开关的内部电路原理框图

注意：在传感器布线过程中注意电磁干扰，不要被阳光或其他光源直接照射；不要在产生腐蚀性气体、接触到有机溶剂、灰尘较大等的场所使用。

根据图 3-9 所示，将光电开关棕色线接 PLC 输入模块电源"+"端，蓝色线接 PLC 输入模块"-"端，黑色线接 PLC 输入点。

（2）安装调整与调试。光电开关具有检测距离长、对检测物体的限制小、响应速度快、分辨率高、便于调整等优点。但在光电开关的安装过程中，必须保证传感器到被检测物的距离在"检出距离"范围内，同时考虑被检测物的形状、大小、表面粗糙度及移动速度等因素。调试过程如图 3-10 所示。图 3-10（a）中，光电开关调整位置不到位，对工件反应不敏感，动作灯不亮；图 3-10（b）中光电开关位置调整合适，对工件反应敏感，动作灯亮而且稳定灯亮；图 3-10（c）中，当没有工件靠近光电开关时，光电开关没有输出。

调试光电开关的位置合适后，将固定螺母锁紧。

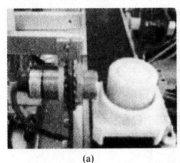  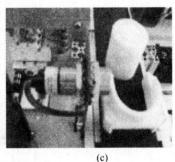

（a） （b） （c）

图 3-10 光电开关的调试

（a）光电开关没有安装合适；（b）光电开关调整到位检测到工件；（c）光电开关没有检测到工件

3.1.2.3 光纤式光电接近开关简介及应用

光电开关的光源采用绿光或蓝光可以辨别颜色，根据表面颜色的反射率特性不同，光电传感器可以进行产品的分拣，为了保证光的传输效率，减小衰减，在分拣单元中采用光纤式光电开关对黑白两种工件的颜色进行识别。

A　光纤式光电接近开关简介

在分拣单元传送带上方分别装有两个光纤式接近开关，如图 3-11 所示。光纤式光电接近开关由光纤检测头、光纤放大器两部分组成，放大器和光纤检测头是分离的两部分，光纤检测头的尾端部分分成两条光纤，使用时分别插入放大器的两个光纤孔。光纤式光电接近开关的输出连接至 PLC。为了能对白色和黑色的工件进行区分，使用中将两个光纤式光电接近开关灵敏度调整成不一样。

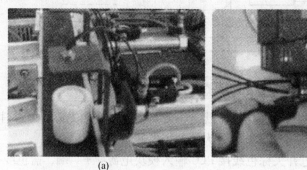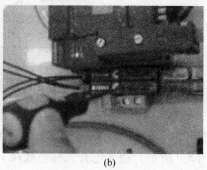

（a）　　　　　　　　　　　　（b）

图 3-11　光纤式光电接近开关在分拣单元中的应用
（a）光纤检测头；（b）光纤放大器

光纤式光电接近开关（简称光纤式光电开关）也是光纤传感器的一种，光纤传感器部分没有丝毫电路连接，不产生热量，只利用很少的光能，这些特点使光纤传感器成为危险环境下的理想选择。光纤传感器还可以用于关键生产设备的长期高可靠稳定的监视。相对于传统传感器光纤传感器具有下述优点：抗电磁干扰，可工作于恶劣环境，传输距离远，使用寿命长；此外，由于光纤头具有较小的体积，因此可以安装在很小空间的地方。光纤放大器根据需要来放置。比如有些生产过程中烟火、电火花等可能引起爆炸和火灾，光能不会成为火源，所以不会引起爆炸和火灾，可将光纤检测头设置在危险场所，将放大器单元设置在非危险场所进行使用。光纤传感器安装示意图如图 3-12 所示。

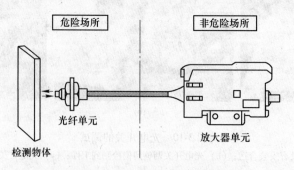

图 3-12　光纤传感器安装示意图

光纤传感器结构上分为传感型和传光型两大类。传感器是以光纤本身作为敏感元件，使光纤兼有感受和传递被测信息的作用。传光型是把由被测对象所调制的光信号输入光纤，通过输出端进行光信号处理而进行测量的，传光型光纤传感器的工作原理与光电传感器类似。在分拣单元中采用的就是传光型的光纤式光电开关，光纤仅作为被调制光的传播线路使用，

因而外观如图 3-13 所示，一个发光端、一个光的接收端，
分别连接到光纤放大器。

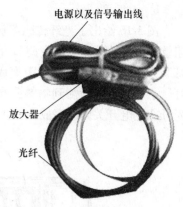

电源以及信号输出线

放大器

光纤

图 3-13　光纤式光电开关

　　B　光纤式光电开关在分拣单元中的应用

　　在分拣单元的传送带上方分别装有两个光纤传感器，
如图 3-13 所示。光纤传感器由光纤检测头、光纤放大器
两部分组成，放大器和光纤检测头是分离的两个部分，
光纤检测头的尾端部分分成两条光纤，使用时分别插入
放大器的两个光纤孔。放大器的安装示意图如图 3-14
所示。

　　光纤式光电接近开关的放大器的灵敏度调节范围较
大。当光纤传感器灵敏度调得较小时，反射性较差的黑
色物体，光电探测器无法接收到反射信号；而反射性较
好的白色物体，光电探测器就可以接收到反射信号。反之，若调高光纤传感器灵敏度，则
即使对反射性较差的黑色物体，光电探测器也可以接收到反射信号，从而可以通过调节灵
敏度判别黑白两种颜色物体，将两种物料区分开，完成自动分拣工序。

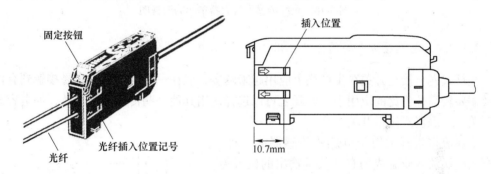

固定按钮

光纤

光纤插入位置记号

插入位置

10.7mm

图 3-14　光纤传感器放大器单元的安装示意图

　　a　电气与机械安装

　　安装过程中，首先将光纤检测头固定，将光纤放大器安装在导轨上，然后将光纤检测头
的尾端两条光纤分别插入放大器的两个光纤孔。然后根据图 3-15 进行电气接线，接线时请
注意根据导线颜色判断电源极性和信号输出线，本单元使用的是褐色、黑色和蓝色线。

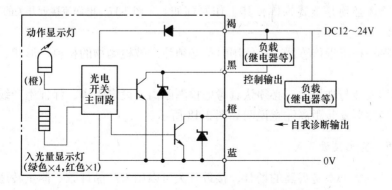

动作显示灯

（橙）

光电
开关
主回路

入光量显示灯
（绿色×4，红色×1）

褐

黑

橙

蓝

DC12～24V

负载
（继电器等）

控制输出

负载
（继电器等）

自我诊断输出

0V

图 3-15　E3Z-NA11 型光纤传感器电路框图

b　灵敏度调整

图 3-16 给出了光纤传感器放大器单元的俯视图，调节其中部的 8 旋转灵敏度高速旋钮就能进行放大器灵敏度调节（顺时针旋转灵敏度增大）。调节时，会看到"入光量显示灯"发光的变化。在检测距离固定后，当白色工件出现在光纤测头下方时，"动作显示灯"会亮，提示检测到物料；当黑色工件出现在光纤测头下方时，"动作显示灯"不亮，光纤式光电开关调试完成。

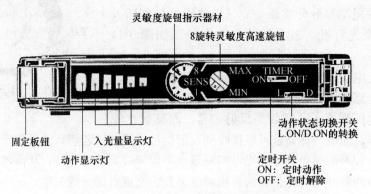

图 3-16　光纤传感器放大器单元的俯视图

3.1.2.4　电感接近开关简介及应用

光纤式光电接近开关在生产线上应用越来越多，但在一些尘埃多、容易接触到有机溶剂及需要较高性价比的应用中，实际上可以选择使用其他一些传感器来代替，如电容式接近开关、电涡流式接近开关。

电涡流接近开关属于电感式传感器的一种，是利用电涡流效应制成的有开关量输出的位置传感器，它由 LC 高频振荡器和放大处理电路组成，利用金属物体在接近这个能产生电磁场的振荡感应头时，使物体内部产生电涡流。这个电涡流反作用于接近开关，使接近开关振荡能力衰减，内部电路的参数发生变化，由此识别出有无金属物体接近，进而控制开关或通或断。这种接近开关所能检测的物体必须是金属物体，其工作原理如图 3-17 所示。

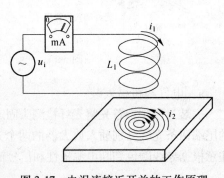

图 3-17　电涡流接近开关的工作原理

无论是哪一种接近传感器，在使用时都必须注意被检测物的材料、形状、尺寸、运动速度等因素。

在传感器安装与选用中，必须认真考虑检测距离、设定距离，保证生产线上的传感器可靠动作。传感器安装距离注意说明如图 3-18 所示。

3.1.2.5　其他接近开关

在一些精度要求不是很高的场合，接近开关可以用来产品计数、测量转速甚至是旋转位移的角度。但在一些要求较高的场合，往往用光电编码器等数字量传感器来测量旋转位

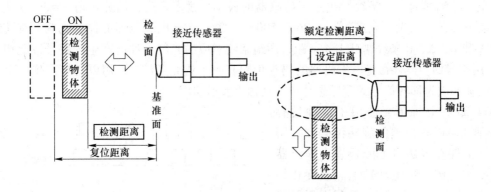

图 3-18 传感器安装距离注意说明

移或直接（间接）测量直线位移。

A 光电编码器简介及应用

在 YL-335A 生产线的分拣单元的控制中，传送带定位控制是由光电编码器来完成的。同时，光电编码器还要完成电机转速的测量。图 3-19 所示为光电编码器在分拣单元中的应用。

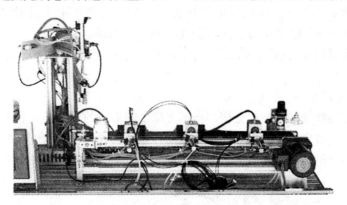

图 3-19 光电编码器在分拣单元中的应用

光电编码器是通过光电转换，将机械、几何位移量转换成脉冲或数字量的传感器，它主要用于速度或位置（角度）的检测。典型的光电编码器由码盘（Disk）、检测光栅（Mask）、光电转换电路（包括光源、光敏器件、信号转换电路）、机械部件等组成。一般来讲，根据光电编码器产生脉冲的方式不同，可以分为增量式、绝对式以及复合式三大类，生产线上常采用的是增量式光电编码器，其组成如图 3-20 所示。

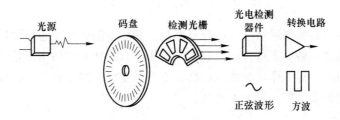

图 3-20 增量式光电编码器的组成

　　光电编码器的码盘条纹数决定了传感器的最小分辨率角度，即分辨角 $\alpha = 360°/$ 条纹数。如条纹数为 500，则分辨角 $\alpha = 360°/500 = 0.72°$。在光电编码器的检测光栅上有两组条纹 A 和 B，A、B 条纹错开 1/4 节距，两组条纹对应的光敏元件所产生的信号彼此相差 90°，用于辨向。此外在光电编码器的码盘里圈有一个透光条纹 Z，用以每转产生一个脉冲，该脉冲成为移转信号或零标志脉冲，其输出波形如图 3-21 所示。

　　YL-335A 分拣单元使用了这种具有 A、B 两相 90°相位差的旋转编码器，用于计算工件在传送带上的位置。编码器直接连接到传送带主动轴上。该旋转编码器的三相脉冲采用 NPN 型集电极开路输出，分辨率 500 线，工作电压 DC12～24V。本工作单元没有使用 Z 相脉冲，A、B 两相输出端直接连接到 PLC 的高速计数器输入端。

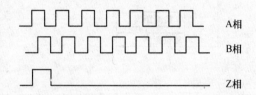

图 3-21　增量式编码器输出脉冲示意图

　　计算工件在传送带上的位置时，需确定每两个脉冲之间的距离即脉冲当量。分拣单元主动轴的直径为 $d = 43\text{mm}$，则减速电机每旋转一周，传送带上工件移动距离 $L = \pi \times d = 3.14 \times 43 = 135.09\text{mm}$。故脉冲当量 μ 为 $\mu = L/500 = 0.27\text{mm}$。

　　当工件从下料口中心线移动到第一个推杆中心点的距离为 164mm 时，旋转编码器发出 607 个脉冲。

　　B　数字光栅传感器

　　数字光栅传感器是根据标尺光栅与指示光栅之间形成的莫尔条纹制成的一种脉冲输出数字式传感器。它被广泛应用于数控机床等闭环系统的线位移和角位移的自动检测以及精密测量方面，测量精度可达几微米。图 3-22 所示为数字光栅传感器的实物图。

图 3-22　数字光栅传感器实物图

　　数字光栅传感器具有测量精度高、分辨率高、测量范围大、动态特性好等优点，适合于非接触式动态测量，易于实现自动控制，广泛用于数控技术和精密测量设备中。但是光栅在工业现场使用时，对工作环境要求较高，不能承受大的冲击和振动，要求密封，以防止尘埃、油污和铁屑等污染，故成本较高。

　　C　感应同步器

　　感应同步器是应用定尺与滑尺之间的电磁感应原理来测量直线位移或角位移的一种精

密传感器。由于感应同步器的一种多级感应元件对误差起补偿作用，所以具有很高的精度。图 3-23 所示为感应同步器的实物图。

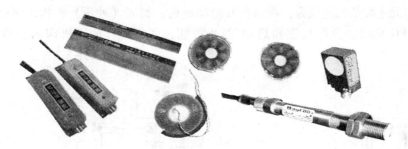

图 3-23 感应同步器实物图

感应同步器具有对环境温度和湿度变化要求低、测量精度高、抗干扰能力强、使用寿命长和便于成批生产等优点，在各领域应用极为广泛。直线式感应同步器已经广泛应用于大型精密坐标镗床、坐标铣床及其他数控机床的定位、数控和数显；圆盘式感应同步器常用于雷达天线定位跟踪、导弹制导、精密机床或测量仪器设备的分度装置等领域。

在实际生产线中还有许多其他先进的传感器，比如在产品质检中用到电荷耦合器件图像传感器 CCD（Charge Coupled Device）、在直线位移检测中用到的光栅、磁栅等传感器等。可以根据自动生产线需要来选择传感器。

3.2 加工单元的结构

3.2.1 加工单元的功能

加工单元的功能是完成把待加工工件从物料台移送到加工区域冲压气缸的正下方，完成对工件的冲压加工，然后把加工好的工件重新送回物料台的过程。图 3-24 所示为加工单元实物的全貌。

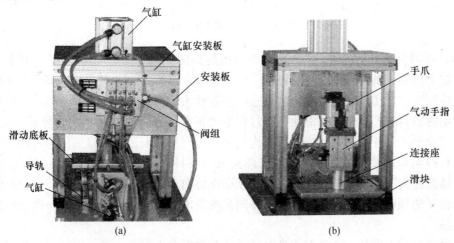

图 3-24 加工单元实物的全貌

(a) 背视图；(b) 前视图

3.2.2　加工单元的结构组成

加工单元主要结构组成为：物料台及滑动机构，加工（冲压）机构，电磁阀组，接线端口，PLC 模块，急停按钮和启动/停止按钮，底板等。加工机构的总成如图 3-25 所示。

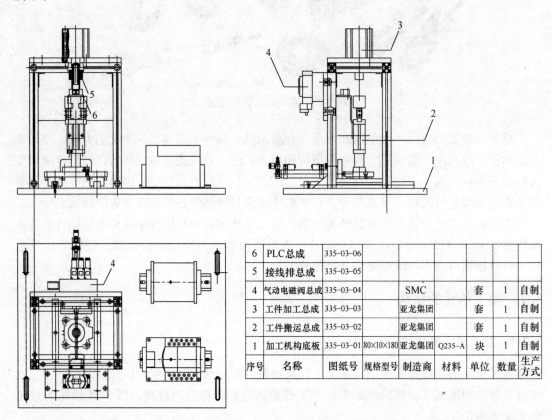

6	PLC总成	335-03-06					
5	接线排总成	335-03-05					
4	气动电磁阀总成	335-03-04		SMC		套	1	自制
3	工件加工总成	335-03-03		亚龙集团		套	1	自制
2	工件搬运总成	335-03-02		亚龙集团		套	1	自制
1	加工机构底板	335-03-01	80×10×180	亚龙集团	Q235-A	块	1	自制
序号	名称	图纸号	规格型号	制造商	材料	单位	数量	生产方式

图 3-25　加工机构的总成

（1）物料台及滑动机构。物料台及滑动机构如图 3-26 所示。物料台用于固定被加工件，并把工件移到加工（冲压）机构正下方进行冲压加工。它主要由手爪、气动手指、物料台伸缩气缸、线性导轨及滑块、磁感应接近开关、漫射式光电传感器组成。

滑动物料台的工作原理：滑动物料台在系统正常工作后的初始状态为伸缩气缸伸出、物料台气动手爪张开的状态，当输送机构把物料送到料台上，物料检测传感器检测到工件后，PLC 控制程序按驱动气动手指将工件夹紧→物料台回到加工区域冲压气缸下方→冲压气缸活塞杆向下伸出冲压工件→完成冲压动作后向上缩回→物料台重新伸出→到位后气动手指松开的顺序完成工件加工工序，并向系统发出加工完成信号，为下一次工件到来加工做准备。

在移动料台上安装一个漫射式光电开关。若物料台上没有工件，则漫射式光电开关均处于常态；若物料台上有工件，则光电接近开关动作，表明物料台上已有工件。该光电传感器的输出信号送到加工单元 PLC 的输入端，用以判别物料台上是否有工件需进行加工；

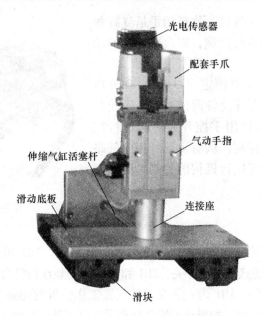

图 3-26　物料台及滑动机构

当加工过程结束，物料台伸出到初始位置。同时，PLC 通过通信网络把加工完成信号回馈给系统，以协调控制。

移动料台上安装的漫射式光电开关仍选用 OMRON 公司的 E3Z-L 型放大器内置型光电开关（细小光束型），该光电开关的原理和结构以及调试方法在前面已经介绍过了。

移动料台伸出和返回到位的位置是通过调整伸缩气缸上两个磁性开关位置来定位的。要求缩回位置位于加工冲头正下方；伸出位置应与输送单元的抓取机械手装置配合，确保输送单元的抓取机械手能顺利地把待加工工件放到料台上。

（2）加工（冲压）机构。加工（冲压）机构如图 3-27 所示。加工机构用于对工件进行冲压加工，它主要由冲压气缸、冲压头、安装板等组成。

冲压台的工作原理：当工件到达冲压位置，伸缩气缸活塞杆缩回到位，冲压缸伸出对工件进行加工，完成加工动作后冲压缸缩回，为下一次冲压做准备。

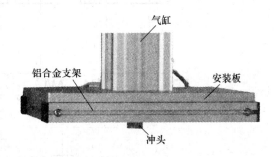

图 3-27　加工（冲压）机构

冲头根据工件的要求对工件进行冲压加工，冲头安装在冲压缸头部。安装板用于安装冲压缸，对冲压缸进行固定。

加工单元机械部件的装配和调整请参阅"YL-335A 机械装配手册"。

（3）电磁阀组。加工单元的气爪、物料台伸缩气缸和冲压气缸均用三个二位五通的带手控开关的单电控电磁阀控制，三个控制阀集中安装在带有消声器的汇流板组成，如图 3-28 所示。图中，前面的冲压缸控制电磁阀所配的快速接头口径较大，这是由于冲压缸对气体的压力和流量要求比较高，冲压缸配套较粗气管的缘故。

这三个阀分别对冲压气缸、物料抬手爪气缸和物料台伸缩气缸的气路进行控制，以改变各自的动作状态。

电磁阀所带手控开关有锁定（LOCK）和开启（PUSH）2种位置。在进行设备调试时，使手控开关处于开启位置，可以使用手控开关对阀进行控制，实现对相应气路的控制，从而实现对相应气路的控制，以改变冲压缸等执行机构的控制，达到调试的目的。

图 3-28　电磁阀组

3.2.3　气动控制回路

本工作单元气动控制回路的工作原理图如图 3-29 所示。1B1 和 1B2 为安装在冲压气缸的两个极限工作位置的磁感应接近开关，2B1 和 2B2 为安装在物料台伸缩气缸的两个极限工作位置的磁感应接近开关，3B1 为安装在手爪气缸工作位置的磁感应接近开关，1Y1、2Y1 和 3Y1 分别为控制冲压气缸、物料台伸缩气缸和手爪气缸的电磁阀的电磁控制端。

从图 3-29 可以看到，当气源接通时，物料台伸出气缸的初始状态是在伸出位置。这一点，在进行气路安装时应予注意。

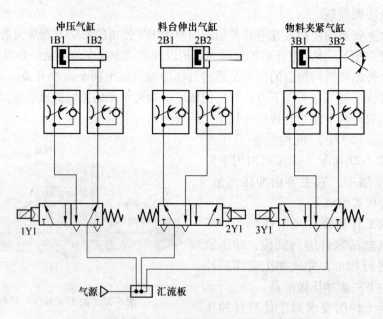

图 3-29　加工单元气动控制回路工作原理图

3.2.4　加工单元电气控制

本单元中，传感器信号占用 6 个输入点，留出 2 个点提供给急停按钮和启/停按钮作本地主令信号，则所需的 PLC I/O 点数为 8 点输入/3 点输出，选用西门子 S7-222 AC/DC/RLY 主单元，共 8 点输入和 3 点继电器输出，见表 3-2。加工单元 PLC 的 I/O 接线原理图如图 3-30 所示。

表 3-2 加工单元 PLC 的 I/O 信号表

输入信号				输出信号			
序号	PLC 输入点	信号名称	信号来源	序号	PLC 输出点	信号名称	信号来源
1	I0.0	物料台物料检测		1	Q0.0	夹紧电磁阀	
2	I0.1	物料台夹紧检测		2	Q0.1	物料台伸缩电磁阀	
3	I0.2	物料台伸出到位		3	Q0.2	加工压头电磁阀	
4	I0.3	物料台缩回到位	按钮				
5	I0.4	加工压头上限					
6	I0.5	加工压头下限					
7	I0.6	急停按钮					
8	I0.7	启/停按钮					

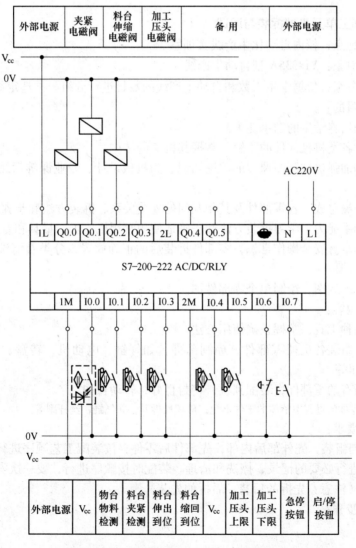

图 3-30 加工单元 PLC 的 I/O 接线原理图

【学习小结】

在自动生产线中可以这样比喻：PLC 就像人的大脑；光电传感器就像人的眼睛；电动机与传动带就像人的腿；电磁阀就像人的肌肉；人机界面就像人的嘴巴；软件就像人的大脑的中枢神经；磁性开关就像人的触觉；直线气缸就像人的手和胳膊；通信总线就像人的神经系统。

各种类型的自动生产线上所使用的传感器种类繁多，很多时候自动化生产线不能正常工作的原因就是因为传感器安装调试不到位引起的，只有"眼疾"才能"手快"，因而在机械部分安装完毕后进行电气调试时，第一步就是进行传感器的安装与调试。

学习本部分内容时应通过训练熟悉加工单元的机构与功能，亲身实践自动生产线的 PLC 对电磁阀等控制技术，并使这些技术融会贯通。

【任务实施】

任务 1　加工单元机械拆装与调试

（1）任务地点：校内自动化生产线实训室。

（2）任务对象：YL-335A 型自动生产线。

（3）任务分组：依据学生人数和自动生产线的数目进行分组，并选定组长。

（4）任务目的：

1）锻炼和培养学生的动手能力。

2）加深对各类机械部件的了解，掌握其机械的结构。

3）巩固和加强机械制图课程的理论知识，为机械设计、专业课等后续课程的学习奠定必要的基础。

4）掌握机械总成、各零部件及其相互间的连接关系、拆装方法和步骤及注意事项。

5）锻炼动手能力，学习拆装方法和正确地使用常用机、工、量具和专门工具。

6）熟悉和掌握安全操作常识，零部件拆装后的正确放置、分类及清洗方法，培养文明生产的良好习惯。

7）通过电脑制图，绘制单个零部件图。

（5）任务内容：

1）识别各种工具，掌握正确使用方法。

2）拆卸、组装各机械零部件、控制部件，如气缸、电动机、转盘、过滤器、PLC、开关电源、按钮等。

3）装配所有的零部件，装配到位，密封良好，转动自如。

注：在拆卸零件的过程中整体的零件不允许破坏性拆开，如气缸、丝杆副等。

（6）拆装要求：

具体拆卸与组装，先外部后内部，先部件后零件，按装配工艺顺序进行，拆卸的零件按顺序摆放，进行必要的记录、擦洗和清理。装配时按顺序进行，要一次安装到位。每个学生都要动手（注意：先拆的后装、后拆的先装）。

（7）实施步骤：

1）拆卸。

工作台面：

① 准备各种拆卸工具，熟悉工具的正确使用方法。

② 了解所拆卸的机器主要结构，分析和确定主要拆卸内容。

③ 端盖、压盖、外壳类拆卸；接管、支架、辅助件拆卸。

④ 内部辅助件及其他零部件拆卸、清洗。

⑤ 各零部件分类、清洗、记录等。

元器件与连接线：

① 准备各种拆卸工具，熟悉工具的正确使用方法。

② 了解所拆卸的器件主要分布，分析和确定主要拆卸内容。

③ PLC、空气开关、熔断丝座、I/O 接口板、转接端子及端盖、开关电源、导轨拆卸。

④ 各元器件分类、注意元器件的分布结构、记录等。

2）组装：

① 安装支架。

② 安装上下气缸安装板。

③ 安装气阀安装板。

④ 将导轨固定在导轨滑板上，安装前、后气缸，连接座，气爪，气缸支架；装好后连接到气缸滑块上，将传感器安装板安装到手爪气缸上。

3）调试注意点：

① 导轨要灵活，否则调整导轨固定螺丝或滑板固定螺丝。

② 气缸位置要安装正确。

③ 传感器位置和灵敏度要调整正确。

4）加工单元机械拆装任务书。

表 3-3~表 3-5 为实训相关表格。

表 3-3 培训项目工作计划表

项目执行进度单		项目名称	项目执行人	编号
		加工单元的拆装		
班级名称		开始时间	结束时间	总学时
班级人数				180min

项目执行进度

序号	内　容	方　式	时间分配
1	根据实际情况调整小组成员，布置实训任务	教师安排	5min
2	小组讨论、查找资料，根据生产线的工作站单元总图、气动回路原理图、安装接线图，并列出单元机械组成、各零件数量、型号等	学员为主，教师点评	20min
3	准备各种拆卸工具，熟悉工具的正确使用方法	学员，器材管理员	10min
4	了解所拆卸的机器主要结构，分析和确定主要拆卸内容	学员为主，教师指导	10min
5	端盖、压盖、外壳类拆卸；接管、支架、辅助件拆卸；内部辅助件及其他零部件拆卸、清洗	学员为主，教师指导	45min

续表 3-3

序号	内　　容	方　　式	时间分配
6	参考总图，理清组装顺序。检测是否有未装零件，检查组装是否合理、正确和适度	学员为主，互相检查	45min
7	拆装过程中，做好各零部件分类、清洗、记录等	学员为主，教师指导	15min
8	组装过程中，在教师指导下解决碰到的问题，并鼓励学生互相讨论，自己解决	学员为主，教师引导	10min
9	小组成员交叉检查并填写实习实训项目检查单	学员为主	10min
10	教师给学员评分	教师评定	10min
执行人签名		教师签名	专业组长签名

表 3-4　培训项目设备、工具、耗材准备单

项目设备、工具、耗材准备单	项目名称	项目执行人	编　　号
	加工单元的拆装		
班级名称		开始时间	结束时间
班级人数			

项目设备、工具

类型	序号	名　　称	型　号	数量	备　注
设备	1	自动生产线实训装置	YL-335A 型	3 台	每个工作站安排 4 人
工具	1	数字万用表	9205	1 块	实验实训教研室
	2	十字螺丝刀	8寸、4寸	2 把	
	3	一字螺丝刀	8寸、4寸	2 把	
	4	镊子		1 把	
	5	尖嘴钳	6寸	1 把	
	6	扳手			
	7	内六角扳手		1 套	
执行人签名		教师签名		专业组长签名	

表 3-5　培训项目检查单

项　目　名　称		项目指导教师	编　号
加工单元的拆装			
班级名称	检查人	检查时间	检查评价
检查内容	检查要点	评　价	
参与查找资料，掌握生产线的工作站单元总图、气动回路原理图、安装接线图	能读懂图并且速度快		

续表 3-5

检 查 内 容	检 查 要 点	评 价
列出单元机械组成、各零件数量、型号等	名称正确，了解结构	
工具摆放整齐	在操作中按照文明规范的要求	
工具的使用	识别各种工具，掌握正确使用方法	
拆卸、组装各机械零部件、控制部件	熟悉和掌握安全操作常识，零部件拆装后的正确放置、分类及清洗方法	
装配所有零部件	检查是否有未装零件，检查组装是否合理、正确和适度	
调试时操作顺序	机械部件状态（如运动时是否干涉，连接是否松动）正确和可靠气管连接	
调试成功	工作站各机械能正确完成工作，装配到位，密封良好，转动自如	
拆装出现故障	排除故障的能力以及对待故障的态度	
与小组成员合作情况	能否与其他同学和睦相处，团结互助	
遵守纪律方面	按时上、下课，不中退	
地面、操作台干净	接线完毕后能清理现场的垃圾	
小组意见		
教师审核		
被检查人签名	教师评定	教师签名

任务2 加工单元电气控制拆装与调试

子任务1 电气控制线路的分析和拆装

（1）任务地点：校内自动化生产线实训室。

（2）任务对象：YL-335A 型自动生产线。

（3）任务分组：依据学生人数和自动生产线的数目进行分组，并选定组长。

（4）任务目的：

1）掌握电路的基础知识、注意事项和基本操作方法。

2）能正确使用常用接线工具。

3）能正确使用常用测量工具（如万用表）。

4）掌握电路布线技术。

5）能安装和维修各个电路。

6）掌握 PLC 外围直流控制及交流负载线路的接法及注意事项。

（5）实施步骤：

1）根据原理图、气动原理图绘制接线图，可参考实训台上的接线。

2）按绘制好的接线图，研究走线方法，并进行板前明线、布线和套编码管。

3）根据绘制好的接线图、完成实训台台面、网孔板的接线，经教师检查后，通电可进行下一步工作。

参考图如图 3-31 所示。

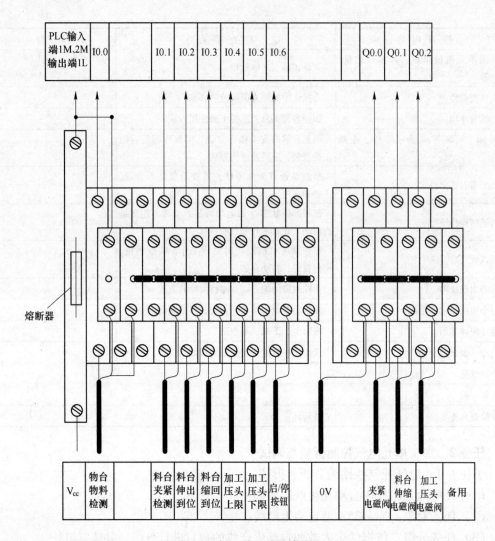

图 3-31　加工单元端子接线图

子任务 2　加工站程序设计

（1）任务地点：校内自动化生产线实训室。

（2）任务对象：

1）YL-335A 型自动生产线。

2）安装有 Windows 操作系统的 PC 机一台（具有 STEP 7 MICROWIN 软件）。

3）LC（西门子 S7-200 系列）一台。

4）PC 与 PLC 的通信电缆一根（PC/PPI）。

（3）任务分组：依据学生人数和自动生产线的数目进行分组，并选定组长。

（4）加工站程序设计：

1）工艺流程。

① 初始状态。设备上电和气源接通后，滑动物料台伸缩气缸处于伸出位置，物料台气动手爪处于松开的状态，冲压气缸处于缩回状态，急停按钮没有按下。

若设备在上述初始状态，表示设备准备好。

② 加工单元的工艺过程也是一个顺序控制。若设备准备好，按下启动按钮，系统启动。当待加工工件被送到物料台上，物料检测传感器检测到工件后，PLC 控制程序驱动气动手指将工件夹紧→物料台回到加工区域冲压气缸下方→冲压气缸活塞杆向下伸出冲压工件→完成冲压动作后向上缩回→物料台重新伸出→到位后气动手指松开，工件加工工序完成。如果没有停止信号输入，当再有待加工工件送到物料台上时，加工单元又开始下一周期工作。

③ 在加工过程中，若按下停止按钮，加工单元在完成本周期的动作后停止工作。

④ 在 YL-335A 的加工单元中，提供一个启动/停止按钮和一个急停按钮。与供料单元同样，如果需要有启动和停止 2 种主令信号，只能由软件编程实现，实现方法在学习情境2（图 2-38）中已经阐述，这里不再重复。本单元的急停按钮是当本单元出现紧急情况下提供的局部急停信号，一旦发生，本单元所有机构应立即停止运行，直到急停解除为止；同时，急停状态信号应回馈到系统，以便协调处理。当急停按钮被按下时，本单元所有机构应立即停止运行。急停按钮复位后，设备从急停前的断点开始继续运行。

要编写满足控制要求、安全要求的控制程序，首先要了解设备的基本结构；其次要了解清楚各个执行结构之间的准确动作关系，即了解清楚生产工艺；同时还要考虑安全、效率等因素；最后才是通过编程实现控制功能。加工站单周期控制工艺流程如图 3-32 所示，自动循环控制工艺流程如图 3-33 所示。

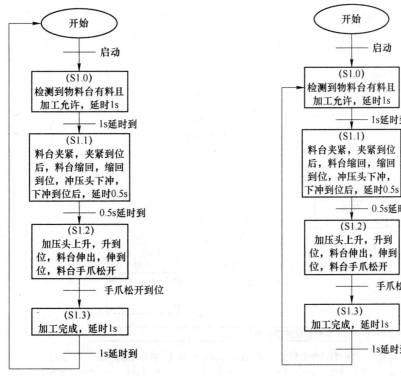

图 3-32 加工站控制工艺流程　　　　图 3-33 加工站自动循环控制工艺流程

2）加工站程序。下面给出 YL-335A 出厂例程中加工单元程序清单，供读者在实训时参考。

加工站主程序梯形图如图 3-34
所示，它只是在每一扫描周期
（SM0.0 ON）调用 2 个子程序，一
个是启动/停止子程序，其功能是在
读取主站发送来的控制命令以及把
本站状态信号写到通信数据存储区；
另一个子程序则是完成加工工艺控
制功能。

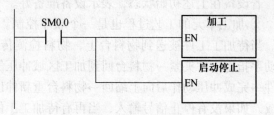

图 3-34　加工站主程序梯形图

启动/停止子程序梯形图如图 3-35 所示。

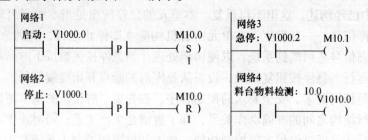

图 3-35　启动/停止子程序梯形图

加工子程序梯形图如图 3-36 所示。

网络1

```
        M10.0                              S0.1
    ──┤ ├──────────┤P├──────────( S )
                                         1
```

网络2

```
        M10.0                              S0.1
    ──┤/├──────────┤P├──────┬───( R )
                            │        8
        M10.1               │   夹紧电磁阀: Q0.0
    ──┤ ├───────────────────┴───( R )
                                      3
```

网络3

```
     S0.1
    ┌──────────┐
    │   SCR    │
    └──────────┘
```

网络4

```
 料台物料检测:I0.0  V1001.0   M10.0              T40
    ──┤ ├──────┤/├──────┤ ├────┤IN    TON│
                                 │         │
                            +15─┤PT  100ms│
```

网络5　　工作原始位置必须到位

```
      T40  料台伸出到位:I0.2  加工压头上限:I0.4  料台夹紧检测:I0.1   S0.2
    ──┤ ├──────┤ ├──────────┤ ├──────────┤/├────(SCRT)
```

网络6

```
    ──(SCRE)
```

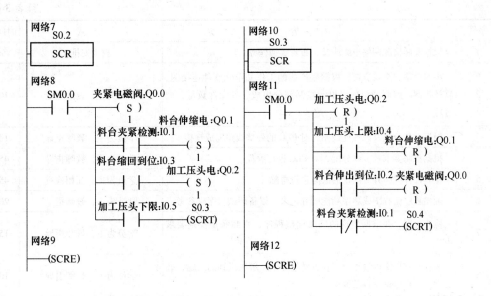

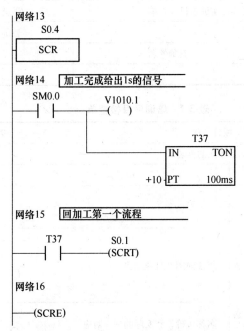

图 3-36 加工子程序梯形图

3）加工单元电气控制拆装任务书，见表 3-6 和表 3-7。

表 3-6 培训项目执行进度单

项目执行进度单		项目名称	项目执行人	编号
		加工单元的拆装		
班级名称		开始时间	结束时间	总学时
班级人数				180min

续表 3-6

序号	内　　容	方　式	时间分配
1	根据实际情况调整小组成员，布置实训任务	教师安排	5min
2	小组讨论、查找资料，根据生产线的工作站单元硬件连接图、软件控制电路原理图列出单元控制部分组成、各元件数量、型号等	学员为主，教师点评	10min
3	根据 I/O 分配及硬件连线图，对 PLC 的外部线路完成连接	学员为主，教师点评	10min
4	根据控制要求及 I/O 分配，对 PLC 进行编程	学员为主，教师指导	45min
5	检查硬件线路并对出现的故障进行排除	学员为主，互相检查	45min
6	画出程序流程图或顺序功能图并记录，以备调试程序时参考	学员为主，教师指导	20min
7	检查程序，并根据出现的问题调整程序，直到满足控制要求为止	学员为主，教师指导	15min
8	硬件及软件实训过程中，在教师指导下，解决碰到的问题，鼓励学生互相讨论，自己解决	学员为主，教师引导	10min
9	小组成员交叉检查并填写实习实训项目检查单	学员为主	10min
10	教师给学员评分	教师评定	10min
执行人签名		教师签名	专业组长签名

表 3-7　培训项目检查单

项目名称		项目指导教师	编号
加工单元的拆装			
班级名称	检查人	检查时间	检查评价
检查内容	检查要点	评　价	
参与查找资料，掌握生产线的工作站单元硬件连接图、I/O 分配原理图、程序流程图	能读懂图并且速度快		
列出单元 PLC I/O 分配、各元件数量、型号等	名称正确，和实际的一一对应		
工具摆放整齐	在操作中按照文明规范的要求		
万用表等工具的使用	识别各种工具，掌握正确使用方法		
传感器等控制部件的正确安装	熟悉和掌握安全操作常识，零元件安装后的正确放置、连线及测试方法		
装配所有元件后，通电联调	检查是否能正确动作，对出现的故障能否排除		

检查内容	检查要点	评　价
调试程序时的操作顺序	是否有程序流程图，调试是否有记录以及故障的排除	
调试成功	各工作站能分别正确完成工作，运行良好	
硬件及软件出现故障	排除故障的能力以及对待故障的态度	
与小组成员合作情况	能否与其他同学和睦相处，团结互助	
遵守纪律方面	按时上、下课，不中退	
地面、操作台干净	接线完毕后能清理现场的垃圾	
小组意见		
教师审核		
被检查人签名	教师评定	教师签名

任务 3　加工单元的调试及故障诊断

（1）任务地点：校内自动化生产线实训室。

（2）任务对象：YL-335A 型自动生产线。

（3）任务分组：依据学生人数和自动生产线的数目进行分组，并选定组长。

（4）任务目的：

1）掌握加工单元的调试方法。

2）掌握加工单元的故障诊断方法。

（5）实施步骤：

1）加工单元的手动测试。在手动工作模式下，操作人员需在加工站侧首先把该站模式转换开关换到单站工作模式，然后用该站的启动和停止按钮操作，单步执行指定的测试项目。要从加工单元手动测试切换到自动运行方式，须按下停止按钮，且料台上没有工件才有效。必须在前一项测试结束后，才能按下启动/停止按钮，进入下一项操作。气动手指和冲头气缸活塞的运动速度通过节流阀进行调节。

2）检测输送站机械手抓取工件从供料站输送到加工站的情况。

测试状况：

① 抓取动作完成后机械手手臂应缩回。

② 伺服电机驱动机械手装置移动到加工站物料台的正前方。

③ 按机械手手臂伸出→手臂下降→手爪松开→手臂缩回的动作顺序把工件放到加工站物料台上。

如果抓取动作完成后机械手手臂不能缩回，其故障产生的原因有：

① 输送单元手爪位置检测传感器故障。

② 输送单元气缸动作气路压力不足。

③ 节流阀的调节量过小，使气压不足。

④ 输送单元各气缸动作电磁阀故障。

3）检查加工单元对工件进行加工的情况。

测试状况：

① 加工站物料台的物料检测传感器检测到工件后，气动手指夹持待加工工件。

② 伸缩气缸将工件从物料台移送到加工区域冲压气缸冲头的正下方，完成对工件的冲压加工。

③ 伸缩气缸伸出，气动手指把加工好的工件重修送回物料台后松开。

④ 将加工完成信号存储到加工单元 PLC 模块的数据存储区，等待主站读取。

如果气动手指夹持待加工工件动作不正常，其故障产生的原因有：

① 加工单元手爪位置检测传感故障。

② 加工单元气缸动作气路压力不足。

③ 节流阀的调节量过小，使气压不足。

④ 加工单元各气缸动作电磁阀故障。

4）检查输送站将工件从加工站取走的情况。

测试状况：输送单元读取到加工完成信号后，输送站机械手按手臂伸出→手爪夹紧→手臂提升→手臂缩回的动作顺序取出加工好的工件。

如果输送站机械手动作不正常，其故障产生的原因有：

① 输送站机械手手爪位置检测传感器故障。

② 输送站机械手气缸动作气路压力不足。

③ 节流阀的调节量过小，使气压不足。

④ 输送站单元各气缸动作电磁阀故障。

5）调试运行。在编写、传输、调试程序的过程中，能进一步了解掌握设备调试的方法、技巧及注意点，培养严谨的作风，加工单元调试运行记录表见表 3-8。

表 3-8　调试运行记录表

结果＼观察项目　操作步骤	光电开关	伸缩气缸 2Y1	冲压气缸 1Y1	夹紧气缸 3Y1	夹紧气缸磁性开关 B1	伸缩气缸磁性开关 2B1	伸缩气缸磁性开关 2B2	冲压气缸磁性开关 1B1	冲压气缸磁性开关 1B2
初始状态									
启动									
物料台的物料									
机械手指夹紧工件									
物料台回到加工区域冲压气缸下方									
冲压气缸向下伸出冲压工件									
冲压动作后向上缩回									
物料台重新伸出									
到位后机械手指松开的顺序									

可用表 3-9 对加工单元的安装与调试进行评分。

表 3-9 总评分表

评 分 表 学年	工作形式 □个人 □小组分工 □小组		实际工作时间	
项目 训练	训练内容	训练要求	学生 自评	教师 评分
加工 单元	1. 工作计划与图纸 (20分) 工作计划 材料清单 气路图 电路图 程序清单	电路绘制有错误，每处扣0.5分；机械手装置运动的限位保护没有设置或绘制有错误，扣1.5分；主电路绘制有错误，每处扣0.5分；电路符号不规范，每处扣0.5分，最多扣2分		
	2. 部件安装与连接 (20分)	装配未能完成，扣2.5分；转配完成，但有紧固件松动现象，扣1分		
	3. 连接工艺（20分） 电路连接工艺 气路连接工艺 机械安装及装配工艺	端子连接，插针压接不牢或超过2根导线，每处扣0.5分，端子连接处没有线号，每处扣0.5分，两项最多扣3分；电路接线没有绑扎或电路线凌乱，扣2分；机械手装置运动的限位保护未接线或接线错误，扣1.5分；气路连接未完成或有错，每处扣2分；气路连接有漏气现象，每处扣1分；气缸节流阀调整不当，每处扣1分；气管没有绑扎或气路连接凌乱，扣2分		
	4. 测试与功能 (30分) 夹料功能 送料功能 整个装置全面检测	启动/停止方式不按控制要求，扣1分；运动测试不满足要求，每处扣0.5分；工件送料测试，但推出位置明显偏差，每处扣0.5分		
	5. 职业素养与安全意识 (10分)	现场操作安全保护符号安全操作规程；工具摆放、包装物品、导线线头等的处理符合职业岗位的要求；团队有分工、有合作，配合紧密；遵守纪律，尊重教师，爱惜设备和器材，保持工位的整洁		

【任务小结】

（1）通过训练，大家熟悉了加工单元的结构，亲身实践、了解气动控制技术、传感器技术、PLC控制技术的应用，并且在一个单元中将它们有机地融合在一起，体现了机电一体化控制技术的实现应用。

（2）掌握工程工作方法，并培养严谨的工作作风。

【思考与训练】

（1）如果滑块连续动作是什么原因？怎么办？

（2）认真执行培训项目执行进度记录，归纳加工单元PLC控制调试中的故障原因及排除故障的思路。

学习情境4 装配单元的安装与调试

【学习目标】

（1）知识目标：

1）认知自动化生产线装配单元的基本结构。

2）掌握自动化生产线中的可编程序控制器的使用方法。

3）掌握装配单元机械拆装与调试方法。

4）掌握装配单元气动控制回路分析、连接方法。

5）掌握装配单元电气线路分析、连接方法。

6）掌握装配单元控制程序设计与调试方法。

（2）能力目标：

1）能动手安装装配单元，包括机械、气路、电路等各组成部分。

2）能编制装配单元的PLC控制程序并调试。

3）能诊断装配单元出现的各种故障，并解决故障。

（3）素养目标：

1）培养学生对本专业实际工作的兴趣和热爱。正所谓：兴趣是学习的最大动力。

2）训练学生自主学习、终身学习的意识和能力。正所谓：授人以鱼，不如授之以渔。

3）培养学生理论联系实际的严谨作风，建立用科学的手段去发现问题、分析问题、解决问题的一般思路。

4）培养学生刻苦钻研、勇于拼搏的精神和敢于承担责任的勇气。

5）促使学生建立正确的人生观、世界观，树立一个良好的职业心态，增强面对事业挫折的能力。

6）解放思想、启发思维，培养学生勇于创新的精神。

【任务引入】

当工件传输到装配单元，在装配单元要实现对工件的装配，那在装配单元是如何实现工件的装配呢？

【任务描述】

装配单元是将该生产线中分散的两个物料进行装配的过程，主要是通过对自身物料仓库的物料按生产需要进行分配，并使用机械手将其插入来自加工单元的物料中心孔的过程。装配单元的安装过程让学生加深对各类机械部件的了解，掌握机械结构、各零部件及其相互间的连接关系、拆装方法和步骤及注意事项。

【知识准备】

4.1 机械传动技术认知

4.1.1 齿轮传动机构认知及应用

4.1.1.1 齿轮传动机构的认知

齿轮传动机构是应用最广的一种机械传动机构。常用的传动机构有圆柱齿轮传动机构、圆锥齿轮传动机构和蜗轮蜗杆传动机构等。图 4-1 所示为齿轮传动机构结构。

图 4-1　齿轮传动机构结构

齿轮传动都是依靠主动齿轮和从动齿轮的齿廓之间的啮合传递运动和动力的，与其他传动相比，齿轮传动具有表 4-1 所列的特点。

表 4-1　齿轮传动机构的特点

类　型	优　点	缺　点
齿轮传动	（1）瞬时传动比恒定； （2）适用的圆周速度和传动功率范围较大； （3）传动效率较高、寿命较长； （4）可实现平行、相交、交错轴间传动； （5）蜗杆传动的传动比大，具有自锁能力	（1）制造和安装精度要求较高； （2）生产使用成本高； （3）不适用于距离较远的传动； （4）蜗杆传动效率低，磨损较大

4.1.1.2 了解齿轮传动机构的应用

齿轮传动机构是现代机械中应用最为广泛的一种传动机构。比较典型的应用是在各减速器、汽车的变速箱等机械传动变速装置中。图 4-2 所示为齿轮传动机构在减速器和汽车变速箱中的应用。

4.1.2 带传动机构认知及应用

4.1.2.1 带传动机构认知

自动化生产线机械传动系统中常利用带传动方式实现机械部件之间的运动和动力的传递。带传动机构主要依靠带与带轮之间的摩擦或啮合来进行工作，可分为摩擦型带传动和啮合型带传动，其传动结构如图 4-3 所示。

(a)　　　　　　　　　　　　　(b)

图 4-2　齿轮传动机构在减速器和汽车变速箱中的应用

（a）减速器；（b）汽车变速箱

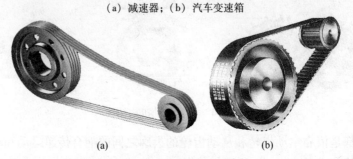

(a)　　　　　　　　　　　　(b)

图 4-3　带传动结构图

（a）摩擦型带传动；（b）啮合型带传动

带传动机构的两大传动类型的共同点和不同点见表 4-2。由于啮合型带传动在传动过程中传递功率大、传动精度较高，所以在自动化生产线中使用较为广泛。

表 4-2　带传动机构的两大传动类型的共同点和不同点

类　型	共　同　点	不　同　点
摩擦型	（1）具有很好的弹性，能缓冲吸振，传动平稳，无噪声； （2）过载时传动带会在带轮上打滑，可防止其他部件受损坏，起过载保护作用；	摩擦型带传动一般适用于中小功率、无须保证准确传动比和传动平稳的远距离场合
啮合型	（3）结构简单、维护方便、无须润滑，且制造和安装精度要求不高； （4）可实现较大中心距之间的传动功能	啮合型带传动具有传递功率大、传动比准确等优点，多用于要求传动平稳、传动精度较高的场合

4.1.2.2　带传动机构的应用

带传动机构特别是啮合型同步带传动目前被大量应用在各种自动化装配专机、自动化装配生产线、机械手及工业机器人等自动化生产机械中，同时还广泛应用在包装机械、仪器仪表、办公设备及汽车等行业。在这些设备和产品中，同步带传动机构主要具有传递电机转矩或提供牵引力，使其他机构在一定程度范围内往复运动（直线运动或摆动运动）等功能。

图 4-4 所示为同步带传动机构在 FA203B 梳棉机上的应用情况，图 4-5 所示为同步带传动机构在汽车发动机中的应用情况。

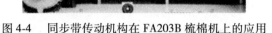

图 4-4　同步带传动机构在 FA203B 梳棉机上的应用　　　图 4-5　同步带传动机构在发动机中的应用

4.1.3　滚珠丝杠机构认知及应用

4.1.3.1　滚珠丝杠机构的认识

将滚珠丝杠机构沿纵向剖开可以看到，它主要由丝杠、螺母、滚珠、滚珠回流管、压板、防尘片等部分组成，其内部结构如图 4-6 所示。丝杠属于直线度非常高的转动部件，在滚珠循环滚动方式下运行，实现螺母及其连接在一起的负载滑块（如工作台、移动滑块）在导向部件作用下作直线运动。图 4-7 所示为工业上几种典型的滚珠丝杠机构外形。

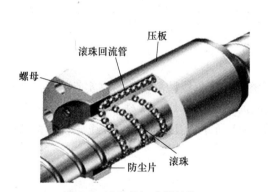

图 4-6　滚珠丝杠内部结构　　　　图 4-7　工业上常用的几种典型的滚珠丝杠机构外形

滚珠丝杠机构虽然价格较贵，但是由于具有如图 4-8 所示一系列的突出优点，能够在自动化机械的各种场合实现所需要的精密传动，因而仍然在工程上得到了极广泛的应用。

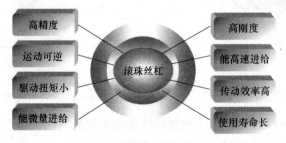

图 4-8　滚珠丝杠机构的优点

4.1.3.2　了解滚珠丝杠机构的应用

滚珠丝杠机构作为一种高精度的传动部件，被大量应用于数控机床、自动化加工中心、电子精密机械进给机构、伺服机械手、工业装配机器人、半导体生产设备、食品加工和包装、医疗设备等领域。

图 4-9 所示为滚珠丝杠机构在数控雕刻机床中的应用。图 4-10 所示为滚珠丝杠机构应用于各种精密进给机构的 X-Y 工作台，其中步进电动机为驱动部件，直线导轨为导向部件，滚珠丝杠为运动转换部件。

图 4-9　滚珠丝杠机构在数控雕刻机中的应用

图 4-10　滚珠丝杠机构在精密进给机构的应用

4.1.4　直线导轨机构认知及应用

4.1.4.1　直线导轨机构认知

直线导轨机构通常也称为直线导轨、直线滚动导轨、线性滑轨等，它实际就是由能相对运动的导轨（或轨道）与滑块两大部分组成的，其中滑块由滚珠、端盖板、保持板、密封垫片组成。直线导轨机构的内部结构如图 4-11 所示。几种典型的直线导轨机构的外形如图 4-12 所示。

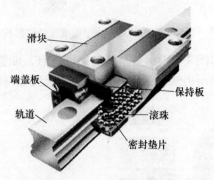
图 4-11　直线导轨内部结构

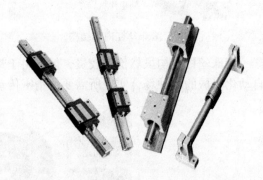
图 4-12　几种典型的直线导轨机构外形

直线导轨机构由于采用了类似于滚珠丝杠的精密滚珠结构，所以具有表 4-3 所示的一系列特点。使用直线导轨机构除了可以获得高精度的直线运动以外，还可以直接支撑负载工作，降低了自动化机械的复杂程度，简化了设计与制造过程，从而大幅度降低了设计与制造成本。

表4-3　直线导轨机构的特点与应用

类型	工作特点	应用领域
直线导轨	运动阻力非常小，运动精度高，定位精度高，多个方向同时具有高刚度，容许负荷大，能长期维持高精度，可高速运动，维护保养简单，能耗低，价格低廉	广泛应用于数控机床、自动化生产线、机械手、三坐标测量仪器等需要高的直线导向精度的各种装备制造行业

4.1.4.2　直线导轨机构的应用

由于在机器设备上大量采用直线运动机构作为进给、移送装置，因此为了保证机器的工作精度，首先必须保证这些直线运动机构具有较高的运动精度。直线导杆机构是自动化机械最基本的结构模块，被广泛应用于数控机床、自动化装置设备、自动化生产线、机械手、三坐标测量仪器等装备制造行业。

图4-13所示为直线导轨机构在双柱车床的应用。图4-14所示为直线导轨机构在卧式双头焊接机床的应用。

 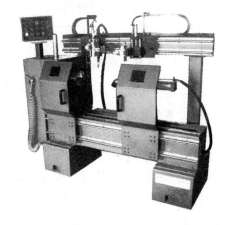

图4-13　直线导轨机构在双柱车床的应用　　图4-14　直线导轨机构在卧式双头焊接机床的应用

4.1.5　间歇传动机构认知及应用

4.1.5.1　间歇传动机构的认知

在自动化生产线中，根据工艺的要求，经常需要沿输送方向以固定的时间间隔、固定的移动距离将各工件从当前的位置准确地移动到相邻的下一个位置，实现这种输送功能的结构称为间歇传动机构，工程上有时也称为步进输送机构或步进运动机构。工程上常用的间歇传动机构主要有槽轮机构和棘轮机构等。图4-15所示为常用间隙传动机构的结构。

虽然各种间隙传动机构都能实现间隙输送的功能，但是它们都有其自身结构、工作特点及工程应用领域。表4-4列出了常用间歇传动机构的类型、工作特点及应用领域。

图4-15 常用间歇传动机构的结构

表4-4 常用间歇传动机构的类型、工作特点及应用领域

类型	工作特点	应用领域
槽轮机构	结构简单,工作可靠,机械效率高,能准确控制转角,工作平稳性较好,运动行程不可调节,存在柔性冲击	一般应用于转速不高的场合,如自动化机械、轻工机械、仪器仪表等
棘轮机构	结构简单,转角大小调节方便,存在刚性冲击和噪声,不易准确定位,机构磨损快,精度较低	只能用于低速、转角不大或需要改变转角、传递动力不大的场合,如自动化机械的送料机构与自动计数等

4.1.5.2 间歇传动机构的应用

间歇传动机构都具有结构简单紧凑和工作效率高两大优点。采用间歇传动机构能有效简化自动化生产线的结构,方便地实现工序集成化,形成高效率的自动化生产系统,提高了自动化专机或生产线的生产效率,在自动化机械装备,特别是电子产品生产、轻工机械等领域也得到广泛的应用。

图4-16所示为间歇传动机构在电阻自动成型机自动送料装置上的应用。图4-17所示为间歇传动机构在自动分割机上的应用。

图4-16 间歇传动机构在电阻
自动成型机自动送料装置上的应用

图4-17 间歇传动机构在自动分割机上的应用

4.2 装配单元的结构

4.2.1 装配单元的功能

装配单元是将该生产线中分散的两个物料进行装配的过程。它主要是通过对自身物料仓库的物料按生产需要进行分配，并使用机械手将其插入来自加工单元的物料中心孔的过程。装配单元总装实物如图 4-18 所示。

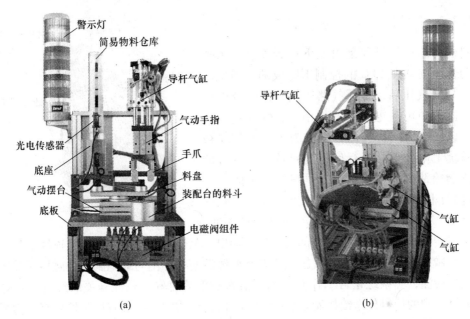

图 4-18　装配单元总装实物

（a）前视图；（b）背视图

竖直料仓中的物料在重力作用下自动下落，通过两直线气缸的共同作用，分别对底层相邻两物料夹紧与松开，完成对连续下落的物料的分配，被分配的物料按指定的路径落入位置转换装置，摆台完成 180°位置变换后，由前后移动气缸、上下移动气缸、气动手指所组成的机械手夹持并位移，再插入已定位的半成品工件中。

4.2.2 装配单元的结构组成

由于装配单元不仅要完成对分散的物料的装配过程，而且配有自身的物料仓库，因此它的结构组成包括：简易料仓、供料机构、回转物料台、机械手、半成品工件的定位机构、气动系统及其阀组、信号采集及其自动控制系统，以及用于电器连接的端子排组件、整条生产线状态指示的信号灯和用于其他机构安装的铝型材支架及底板、传感器安装支架等其他附件。

4.2.2.1 简易料仓

简易料仓是由塑料圆棒加工而成的，它直接插装在供料机构的连接孔中，并在顶端放置加强金属环，用以防止空心塑料圆柱的破损。物料竖直放入料仓的空心圆柱内，由于两者之间有一定的间隙，使其能在重力作用下自由下落。

　　为了能对料仓缺料时即时报警，在料仓的外部安装漫反射光电传感器（E3Z-L 型），并在料仓塑料圆柱上纵向铣槽，以使光电传感器的红外光斑能可靠照射到被检测的物料上，如图 4-19 所示。料仓中的物料外形一致，但颜色分为黑色和白色，光电传感器的灵敏度调整应以能检测到黑色物料为准则。

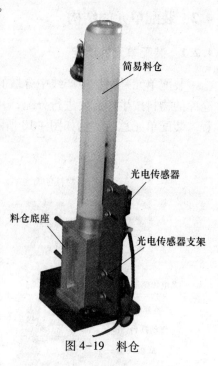

图 4-19　料仓

4.2.2.2　供料机构

　　供料机构的动作过程是由上下位置安装，水平动作的两直线气缸在 PLC 的控制下完成的。当供气压力达到规定气压后，打开气路阀门，此时分配机构底部气缸在单电控电磁阀的作用下，恢复到初始状态——该气缸活塞杆伸出，因重力下落的物料被阻挡，系统上电并正常运行后，当回转物料台旁的光电传感器检测到需要物料时，供料机构中的上部气缸在电磁阀的作用下将活塞杆伸出，将与之对应的物料夹紧，使其不能下落，底部气缸活塞杆缩回，物料掉入回转物料台的料盘中，底部气缸复位伸出，上部的气缸缩回，物料连续下落，为下一次分料做好准备。在两直线气缸上均装有检测活塞杆伸出与缩回到位的磁性开关，用于动作到位检测，当系统正常工作并检测到活塞磁钢的时候，磁性开关的红色指示灯点亮，并将检测到的信号传送给控制系统的 PLC。供料机构的底部装有用于检测有无物料的光电传感器，使控制过程更准确可靠。

4.2.2.3　回转物料台

　　回转物料台机构由气动摆台和料盘构成，气动摆台驱动料盘旋转 180°，并将摆动到位信号通过磁性开关传送给 PLC，在 PLC 的控制下，实现有序、往复循环动作，如图4-20 所示。

　　回转物料台的主要器件是气动摆台，它是由直线汽缸驱动齿轮齿条实现回转运动的，回转角度能在 0°~90° 和 0°~180° 之间任意可调，而且可以安装磁性开关，检测旋转到位信号，多用于方向和位置需要变换的机构，如图 4-21 所示。

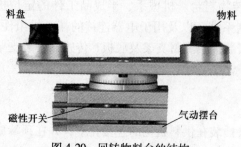

图 4-20　回转物料台的结构

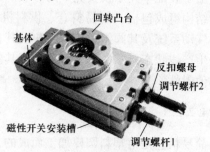

图 4-21　气动摆台

本站所使用的气动摆台的摆动回转角度能在 0°~180° 范围任意可调。当需要调节回转角度或调整摆动位置精度时，应首先松开调节螺杆上的反扣螺母，通过旋入和旋出调节螺杆，从而改变回转凸台的回转角度，调节螺杆 1 和调节螺杆 2 分别用于左旋和右旋角度的调整。当调整好摆动角度后，应将反扣螺母与基体反扣锁紧，防止调节螺杆松动，造成回转精度降低。

回转到位的信号是通过调整气动摆台滑轨内的两个磁性开关的位置实现的，如图 4-22 所示。磁性开关安装在气缸体的滑轨内，松开磁性开关的紧定螺丝，磁性开关就可以沿着滑轨左右移动。确定开关位置后，旋紧紧定螺丝，即可完成位置的调整。

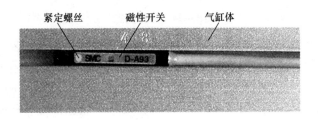

紧定螺丝　　磁性开关　　气缸体

图 4-22　磁性开关位置调整示意图

4.2.2.4　装配机械手

装配机械手是整个装配单元的核心。当装配机械手正下方的回转物料台上有物料，且半成品工件定位机构传感器检测到该机构有工件的情况下，机械手从初始状态开始执行装配操作过程。装配机械手整体外形如图 4-23 所示。

装配机械手装置是一个三维运动的机构，它由水平方向移动和竖直方向移动的 2 个导杆气缸和气动手指组成。

导杆气缸外形如图 4-24 所示。该气缸由直线运动气缸带双导杆和其他附件组成。

安装支架用于导杆导向件的安装和导杆气缸整体的固定，连接件安装板用于固定其他需要连接到该导杆气缸上的物件，并将两导杆和直线汽缸活塞杆的相对位置固定，当直线气缸的一端接通压缩空气后，活塞被驱动做直线运动，活塞杆

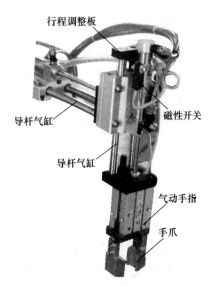

行程调整板

磁性开关

导杆气缸

导杆气缸

气动手指

手爪

图 4-23　装配机械手的整体外形

也一起移动，被连接件安装板固定到一起的两导杆也随活塞杆伸出或缩回，从而实现导杆气缸的整体功能。安装在导杆末端的行程调整板用于调整该导杆气缸的伸出行程。具体调整方法是：松开行程调整板上的紧定螺丝，让行程调整板在导杆上移动，当达到理想的伸出距离以后，再完全锁紧紧定螺丝，完成行程的调节。

装配机械手的运行过程如下：PLC 驱动与竖直移动气缸相连的电磁换向阀动作，由竖直移动带导杆气缸驱动气动手指向下移动，到位后，气动手指驱动手爪夹紧物料，并将

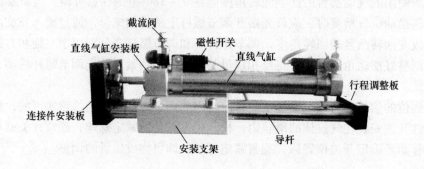

图 4-24　导杆气缸

夹紧信号通过磁性开关传送给 PLC，在 PLC 控制下，竖直移动气缸复位，被夹紧的物料随气动手指一并提起，离开回转物料台的料盘，提升到最高位后，水平移动气缸在与之对应的换向阀的驱动下，活塞杆伸出，移动到气缸前端位置后，竖直移动气缸再次被驱动下移，移动到最下端位置，气动手指松开，经短暂延时，竖直移动气缸和水平移动气缸缩回，机械手恢复初始状态。

在整个机械手动作过程中，除气动手指松开到位无传感器检测外，其余动作的到位信号检测均采用与气缸配套的磁性开关，将采集到的信号输入 PLC，由 PLC 输出信号驱动电磁阀换向，使由气缸及气动手指组成的机械手按程序自动运行。

4.2.2.5　半成品工件的定位机构

输送单元运送来的半成品工件直接放置在该机构的料斗定位孔中，由定位孔与工件之间的较小间隙配合实现定位，从而完成准确的装配动作和定位精度，如图 4 -25 所示。

图 4-25　半成品定位机构

4.2.2.6　电磁阀组

装配单元的阀组由 6 个二位五通单电控电磁换向阀组成，如图 4-26 所示。这些阀分别对物料分配、位置变换和装配动作气路进行控制，以改变各自的动作状态。

4.2.2.7　警示灯

本工作单元上安装有红、橙、绿三色警示灯，它是作为整个系统警示用的。警示灯有五根引出线，其中黄绿交叉线为"地线"、红色线为红色灯控制线、

图 4-26　装配单元的电磁阀组

黄色线为橙色灯控制线、绿色线为绿色灯控制线、黑色线为信号灯公共控制线，如图 4-27 所示。

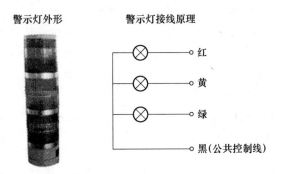

警示灯外形　　　　警示灯接线原理

○ 红
○ 黄
○ 绿
○ 黑(公共控制线)

图 4-27　警示灯及其接线

4.2.3　气动控制回路

图 4-28 所示为装配单元气动控制回路。在进行气路连接时，请注意各气缸的初始位置，其中，挡料气缸在伸出位置，手爪提升气缸在提起位置。

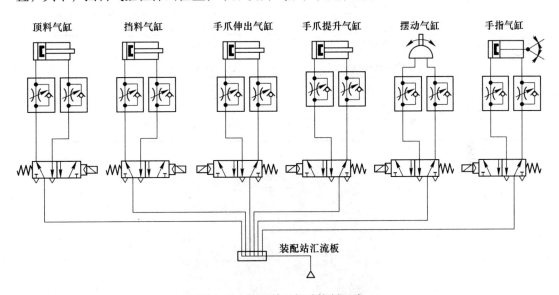

顶料气缸　　挡料气缸　　手爪伸出气缸　　手爪提升气缸　　摆动气缸　　手指气缸

装配站汇流板

图 4-28　装配单元气动控制回路

4.2.4　装配单元电气控制

PLC 的选型和 I/O 接线原理：装配单元所使用的传感器及电磁阀较多，选用西门子 S7-226 AC/DC/RLY 主单元，共 24 点输入、16 点输出。实际使用为 18 点输入（包括启动/停止按钮信号）、9 点输出，见表 4-5。

PLC 及接线端口的整体外观如图 4-29 所示。PLC 的输入端和输出端接线原理图分别如图 4-30 和图 4-31 所示。

表 4-5　装配单元 PLC 的 I/O 信号表

输入信号				输出信号			
序号	PLC 输入点	信号名称	信号来源	序号	PLC 输出点	信号名称	信号来源
1	I0.0	物料不足检测		1	Q0.0	挡料电磁阀	
2	I0.1	物料有无检测		2	Q0.1	顶料电磁阀	
3	I0.2	物料左检测		3	Q0.2	回转电磁阀	
4	I0.3	物料右检测			Q0.3	手爪夹紧电磁阀	
5	I0.4	物料台物料检测			Q0.4	手爪下降电磁阀	
6	I0.5	顶料到位检测			Q0.5	手爪伸出电磁阀	
7	I0.6	顶料复位检测			Q0.6	红色警示灯	
8	I0.7	挡料状态检测			Q0.7Q	橙色警示灯	
9	I1.0	落料状态检测	按钮	1	Q1.0	绿色警示灯	
10	I1.1	旋转缸左限位检测		1	Q1.1		
11	I1.2	旋转缸右限位检测		1	Q1.2		
12	I1.3	手爪夹紧检测		1	Q1.3		
13	I1.4	手爪下降到位检测		1	Q1.4		
14	I1.5	手爪上升到位检测		1	Q1.5		
15	I1.6	手爪缩回到位检测		1	Q1.6		
16	I1.7	手爪伸出到位检测		1	Q1.7		
17	I2.0	启/停按钮		1	Q2.0		
18	I2.1	备用		1	Q2.1		

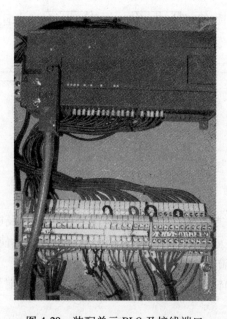

图 4-29　装配单元 PLC 及接线端口

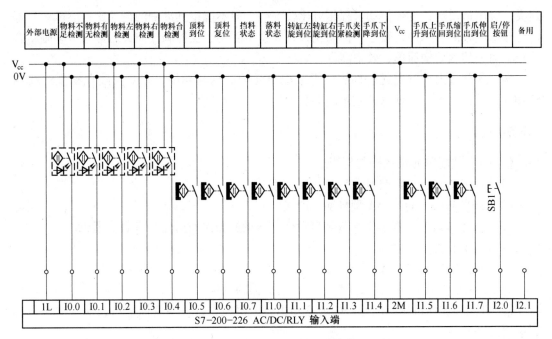

图 4-30 装配单元 PLC 的输入端接线原理图

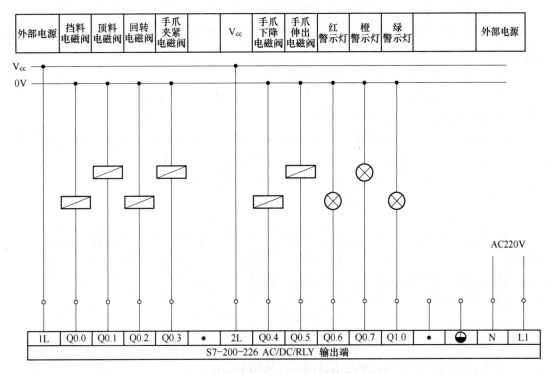

图 4-31 装配单元 PLC 的输出端接线原理图

【学习小结】

机械传动的方法有许多种，但每一种传动形式都有各自的特点：齿轮传动传递的扭矩最大，应用最广泛；皮带传动过程相对比较安静，但不能得到准确的传动比；滚珠丝杠螺母传动精度较高、摩擦力较小、传动比大；导轨主要用于支撑和导向，通常与传动副组合使用；间隙传动结构简单、效率高。

学习此部分内容时应通过训练熟悉装配单元的结构与功能，亲身实践自动生产线的 S7-200 等控制技术，并使这些技术融会贯通。

【任务实施】

任务 1　装配单元机械拆装与调试

（1）任务地点：校内自动化生产线实训室。

（2）任务对象：YL-335A 型自动生产线。

（3）任务分组：依据学生人数和自动生产线的数目进行分组，并选定组长。

（4）任务目的：

1）锻炼和培养学生的动手能力。

2）加深对各类机械部件的了解，掌握其机械的结构。

3）巩固和加强机械制图课程的理论知识，为机械设计、专业课等后续课程的学习奠定必要的基础。

4）掌握机械总成、各零部件及其相互间的连接关系、拆装方法和步骤及注意事项。

5）锻炼动手能力，学习拆装方法和正确地使用常用机、工、量具和专门工具。

6）熟悉和掌握安全操作常识，零部件拆装后的正确放置、分类及清洗方法，培养文明生产的良好习惯。

7）通过电脑制图，绘制单个零部件图。

（5）任务内容：

1）识别各种工具，掌握正确使用方法。

2）拆卸、组装各机械零部件、控制部件，如气缸、电动机、转盘、过滤器、PLC、开关电源、按钮等。

3）装配所有的零部件，装配到位，密封良好，转动自如。

注：在拆卸零件的过程中整体的零件不允许破坏性拆开，如气缸、丝杆副等。

（6）拆装要求：

具体拆卸与组装，先外部后内部，先部件后零件，按装配工艺顺序进行，拆卸的零件按顺序摆放，进行必要的记录、擦洗和清理。装配时按顺序进行，要一次安装到位。每个学生都要动手（注意：先拆的后装、后拆的先装）。

（7）实施步骤：

1）拆卸。

工作台面：

① 准备各种拆卸工具，熟悉工具的正确使用方法。

② 了解所拆卸的机器主要结构，分析和确定主要拆卸内容。

③ 端盖、压盖、外壳类拆卸；接管、支架、辅助件拆卸。

④ 内部辅助件及其他零部件拆卸、清洗。

⑤ 各零部件分类、清洗、记录等。

元器件及线路：

① 准备各种拆卸工具，熟悉工具的正确使用方法。

② 了解所拆卸的器件主要分布，分析和确定主要拆卸内容。

③ PLC、空气开关、熔断丝座、I/O 接口板、转接端子及端盖、开关电源、导轨拆卸。

④ 各元器件分类、注意元器件的分布结构、记录等。

2）组装：

① 安装支架。

② 安装小工件投料机构安装板。

③ 安装料仓库。

④ 把 3 个气缸安装成一体。

⑤ 整体安装到支架上。

⑥ 把回转台安装在选择缸上，然后整体安装到旋转气缸底板上。

⑦ 整体安装在底板上。

在完成以上组件（见图 4-32）的装配后，把电磁阀组组件安装到底板上，如图 4-33 所示。

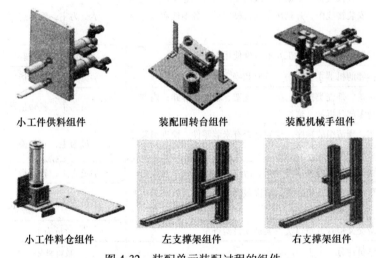

小工件供料组件　　　装配回转台组件　　　装配机械手组件

小工件料仓组件　　　左支撑架组件　　　右支撑架组件

图 4-32　装配单元装配过程的组件

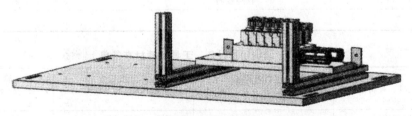

图 4-33　电磁阀组组件在底板上的安装

然后把图 4-32 组件逐个安装上去，顺序为：左、右支撑架组件→装配回转台组件→小工件料仓组件→小工件供料组件→装配机械手组件。

最后，安装警示灯及其传感器，从而完成装配单元机械部分装配。

3）调试注意点：

① 安装时铝型材要对齐。

② 导杠气缸行程要调整恰当。

③ 气动摆台要调整到 180°，并且与回转物料台平行。

④ 挡料气缸和顶料气缸位置要正确。

⑤ 传感器位置与灵敏度调整适当。

4）加工单元机械拆装任务书。表 4-6~表 4-8 为实训相关表格。

表 4-6　培训项目工作计划表

项目执行进度单		项目名称	项目执行人	编号
		装配单元的拆装		
班级名称		开始时间	结束时间	总学时
班级人数				180min

项目执行进度

序号	内　容	方　式	时间分配
1	根据实际情况调整小组成员，布置实训任务	教师安排	5min
2	小组讨论、查找资料，根据生产线的工作站单元总图、气动回路原理图、安装接线图，并列出单元机械组成、各零件数量、型号等	学员为主，教师点评	20min
3	准备各种拆卸工具，熟悉工具的正确使用方法	学员，器材管理员	10min
4	了解所拆卸的机器主要结构，分析和确定主要拆卸内容	学员为主，教师指导	10min
5	端盖、压盖、外壳类拆卸；接管、支架、辅助件拆卸；内部辅助件及其他零部件拆卸、清洗	学员为主，教师指导	45min
6	参考总图，理清组装顺序。检测是否有未装零件，检查组装是否合理、正确和适度	学员为主，互相检查	45min
7	拆装过程中，做好各零部件分类、清洗、记录等	学员为主，教师指导	15min
8	组装过程中，在教师指导下，解决碰到的问题，并鼓励学生互相讨论，自己解决	学员为主，教师引导	10min
9	小组成员交叉检查并填写实习实训项目检查单	学员为主	10min
10	教师给学员评分	教师评定	10min
执行人签名	教师签名		专业组长签名

表 4-7　培训项目设备、工具、耗材准备单

项目设备、工具、耗材准备单		项目名称	项目执行人	编　号
		装配单元的拆装		
班级名称			开始时间	结束时间
班级人数				

项目设备、工具

类型	序号	名　称	型　号	数　量	备　注
设备	1	自动生产线实训装置	YL-335A 型	3 台	每个工作站安排 4 人

续表4-7

类型	序号	名　称	型　号	数　量	备　注
工具	1	数字万用表	9205	1块	实验实训教研室
	2	十字螺丝刀	8寸、4寸	2把	
	3	一字螺丝刀	8寸、4寸	2把	
	4	镊子		1把	
	5	尖嘴钳	6寸	1把	
	6	扳手			
	7	内六角扳手		1套	

执行人签名	教师签名	专业组长签名

表4-8　培训项目检查单

项　目　名　称		项目指导教师	编　号
装配单元的拆装			
班级名称	检查人	检查时间	检查评价

检查内容	检查要点	评　价
参与查找资料，掌握生产线的工作站单元总图、气动回路原理图、安装接线图	能读懂图并且速度快	
列出单元机械组成、各零件数量、型号等	名称正确，了解结构	
工具摆放整齐	在操作中按照文明规范的要求	
工具的使用	识别各种工具，掌握正确使用方法	
拆卸、组装各机械零部件、控制部件	熟悉和掌握安全操作常识，零部件拆装后的正确放置、分类及清洗方法	
装配所有零部件	检查是否有未装零件，检查组装是否合理、正确和适度	
调试时操作顺序	机械部件状态（如运动时是否干涉，连接是否松动）正确和可靠气管连接	
调试成功	工作站各机械能正确完成工作，装配到位，密封良好，转动自如	
拆装出现故障	排除故障的能力以及对待故障的态度	
与小组成员合作情况	能否与其他同学和睦相处，团结互助	
遵守纪律方面	按时上、下课，不中退	
地面、操作台干净	接线完毕后能清理现场的垃圾	
小组意见		
教师审核		
被检查人签名	教师评定	教师签名

任务2　装配单元电气控制拆装与调试

子任务1　电气控制线路的分析和拆装

（1）任务地点：校内自动化生产线实训室。

（2）任务对象：YL-335A 型自动生产线。

（3）任务分组：依据学生人数和自动生产线的数目进行分组，并选定组长。

（4）任务目的：

1）掌握电路的基础知识、注意事项和基本操作方法。

2）能正确使用常用接线工具。

3）能正确使用常用测量工具（如万用表）。

4）掌握电路布线技术。

5）能安装和维修各个电路。

6）掌握 PLC 外围直流控制及交流负载线路的接法及注意事项。

（5）实施步骤：

1）根据原理图、气动原理图绘制接线图，可参考实训台上的接线。

2）按绘制好的接线图，研究走线方法，并进行板前明线、布线和套编码管。

3）根据绘制好的接线图、完成实训台台面、网孔板的接线，经教师检查后，通电可进行下一步工作。

参考图纸如图 4-34 所示。

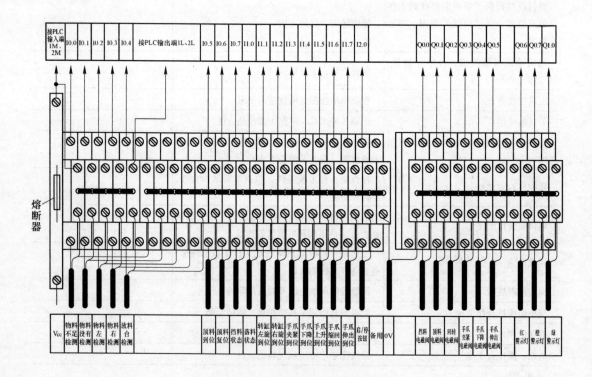

图 4-34　装配单元端子接线图

子任务 2 装配站程序设计

（1）任务地点：校内自动化生产线实训室。

（2）任务对象：

1）YL-335A 型自动生产线。

2）安装有 Windows 操作系统的 PC 机一台（具有 STEP7 MICROWIN 软件）。

3）PLC（西门子 S7-200 系列）一台。

4）PC 与 PLC 的通信电缆一根（PC/PPI）。

（3）任务分组：依据学生人数和自动生产线的数目进行分组，并选定组长。

（4）装配站程序设计：

1）工艺流程。

① 在单站工作情况下，装配单元上安装的红、黄、绿 3 色警示灯用于本单元的状态显示和报警显示。

② 各执行部件的初始状态为：挡料气缸处于伸出状态，顶料气缸处于缩回状态，料仓上已经有足够的小圆柱零件；装配机械手的升降气缸处于提升状态，伸缩气缸处于缩回状态，气爪处于松开状态；工件装配台上没有待装配工件；急停按钮没有按下。

设备上电和气源接通后，若设备在上述初始状态，则绿色警示灯常亮，表示设备准备好。

③ 若设备准备好，按下启动按钮，装配单元启动，绿色和黄色警示灯均常亮。如果回转台上的左料盘内没有小圆柱零件，就执行下料操作；如果左料盘内有零件，而右料盘内没有零件，则执行回转台回转操作。

④ 如果回转台上的右料盘内有小圆柱零件且装配台上有待装配工件，执行装配机械手爪取小圆柱零件，放入待装配工件中的控制。

⑤ 完成装配任务后，装配机械手应返回初始位置，等待下一次装配。

⑥ 若在运行过程中按下停止按钮，则供料机构应立即停止供料，在装配条件满足的情况下，装配单元在完成本次装配后将停止工作。

⑦ 在运行中发生"零件不足"报警时，警示灯中红色灯以 1Hz 的频率闪烁，绿色和黄色灯常亮；在运行中发生"零件没有"报警时，警示灯中红色灯以亮 1s、灭 0.5s 的方式闪烁，黄色灯熄灭，绿色灯常亮。

要编写满足控制要求、安全要求的控制程序，首先要了解设备的基本结构；其次要了解清楚各个执行结构之间的准确动作关系，即了解清楚生产工艺；同时还要考虑安全、效率等因素；最后才是通过编程实现控制功能。下料和抓料单周期控制工艺流程如图 4-35 所示，自动循环控制程序如图 4-36 所示。

2）装配站程序。上述控制工艺流程，可分别编写相应的子程序，在主程序中调用。图 4-37 所示为装配单元主程序梯形图。

启动/停止子程序梯形图如图 4-38 所示。

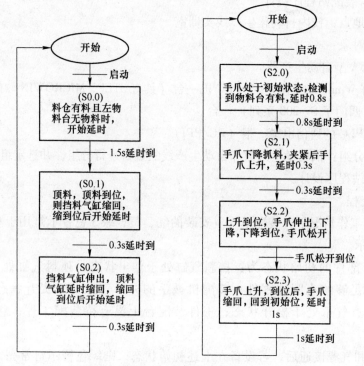

图 4-35　下料和抓料单周期控制工艺流程

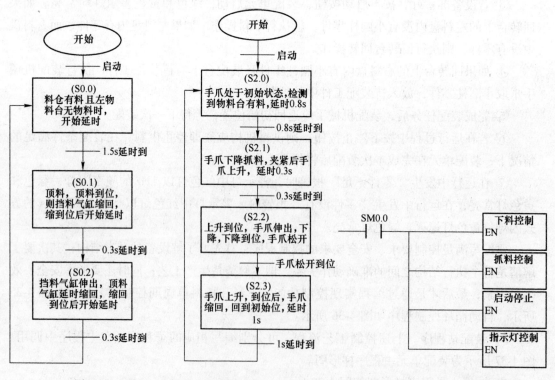

图 4-36　下料和抓料自动循环控制程序　　　　　图 4-37　装配单元主程序梯形图

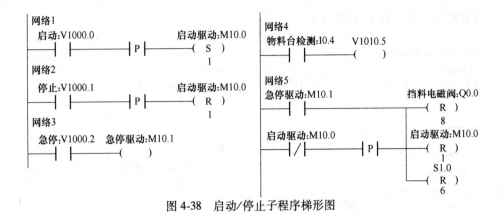

图 4-38　启动/停止子程序梯形图

下料控制子程序如图 4-39 所示。

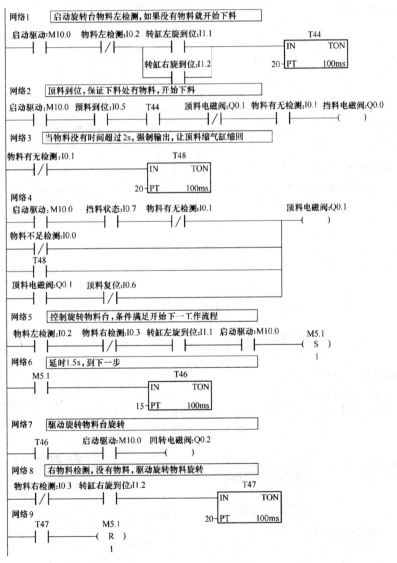

图 4-39　下料控制子程序

抓料控制子程序如图 4-40 所示。

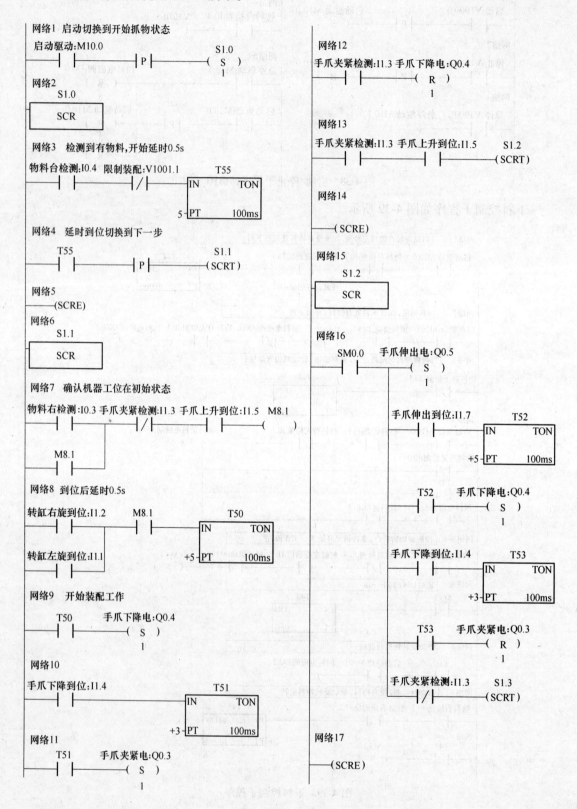

网络1 启动切换到开始抓物状态

启动驱动:M10.0 ─┤ ├─ ─┤P├─ S1.0 ─(S)─ 1

网络2
S1.0
SCR

网络3　检测到有物料,开始延时0.5s

物料台检测:I0.4 ─┤ ├─ 限制装配:V1001.1 ─┤/├─ T55 IN TON
5─PT 100ms

网络4　延时到位切换到下一步

T55 ─┤ ├─ ─┤P├─ S1.1 ─(SCRT)─

网络5
─(SCRE)─

网络6
S1.1
SCR

网络7　确认机器工位在初始状态

物料右检测:I0.3 ─┤ ├─ 手爪夹紧检测:I1.3 ─┤/├─ 手爪上升到位:I1.5 ─┤ ├─ M8.1 ─( )─

M8.1 ─┤ ├─

网络8　到位后延时0.5s

转缸右旋到位:I1.2 ─┤ ├─ M8.1 ─┤ ├─ T50 IN TON

转缸左旋到位:I1.1 ─┤ ├─ +5─PT 100ms

网络9　开始装配工作

T50 ─┤ ├─ 手爪下降电:Q0.4 ─(S)─ 1

网络10

手爪下降到位:I1.4 ─┤ ├─ T51 IN TON
+3─PT 100ms

网络11

T51 ─┤ ├─ 手爪夹紧电:Q0.3 ─(S)─ 1

网络12

手爪夹紧检测:I1.3 ─┤ ├─ 手爪下降电:Q0.4 ─(R)─ 1

网络13

手爪夹紧检测:I1.3 ─┤ ├─ 手爪上升到位:I1.5 ─┤ ├─ S1.2 ─(SCRT)─

网络14
─(SCRE)─

网络15
S1.2
SCR

网络16

SM0.0 ─┤ ├─ 手爪伸出电:Q0.5 ─(S)─ 1

手爪伸出到位:I1.7 ─┤ ├─ T52 IN TON
+5─PT 100ms

T52 ─┤ ├─ 手爪下降电:Q0.4 ─(S)─ 1

手爪下降到位:I1.4 ─┤ ├─ T53 IN TON
+3─PT 100ms

T53 ─┤ ├─ 手爪夹紧电:Q0.3 ─(R)─ 1

手爪夹紧检测:I1.3 ─┤/├─ S1.3 ─(SCRT)─

网络17
─(SCRE)─

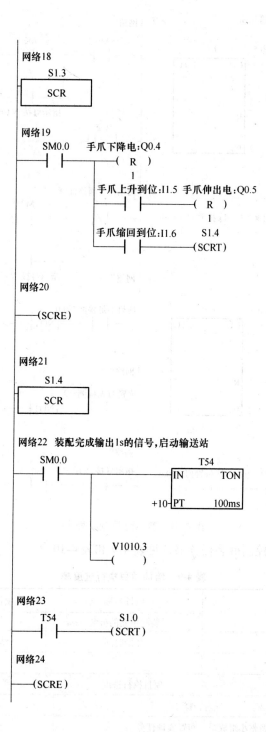

图 4-40 抓料控制子程序

警示灯控制子程序如图 4-41 所示。

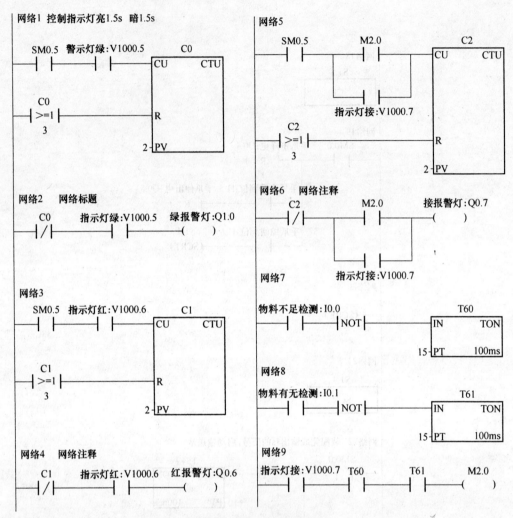

图 4-41　警示灯控制子程序

3）装配单元电气控制拆装任务书，见表 4-9 和表 4-10。

表 4-9　培训项目执行进度单

项目执行进度单		项目名称	项目执行人	编号
		装配单元的拆装		
班级名称		开始时间	结束时间	总学时
班级人数				180min
项目执行进度				
序号	内　容		方　式	时间分配
1	根据实际情况调整小组成员，布置实训任务		教师安排	5min
2	小组讨论、查找资料，根据生产线的工作站单元硬件连接图、软件控制电路原理图列出单元控制部分组成、各元件数量、型号等		学员为主，教师点评	10min

续表 4-9

序号	内 容	方 式	时间分配
3	根据 I/O 分配及硬件连线图，对 PLC 的外部线路完成连接	学员为主，教师点评	10min
4	根据控制要求及 I/O 分配，对 PLC 进行编程	学员为主，教师指导	45min
5	检查硬件线路并对出现的故障进行排除	学员为主，互相检查	45min
6	画出程序流程图或顺序功能图并记录，以备调试程序时参考	学员为主，教师指导	20min
7	检查程序，并根据出现的问题调整程序，直到满足控制要求为止	学员为主，教师指导	15min
8	硬件及软件实训过程中，在教师指导下，解决碰到的问题，鼓励学生互相讨论，自己解决	学员为主，教师引导	10min
9	小组成员交叉检查并填写实习实训项目检查单	学员为主	10min
10	教师给学员评分	教师评定	10min
执行人签名	教师签名	专业组长签名	

表 4-10 培训项目检查单

项目名称		项目指导教师	编号
装配单元的拆装			
班级名称	检查人	检查时间	检查评价
检查内容	检查要点	评 价	
参与查找资料，掌握生产线的工作站单元硬件连接图、I/O 分配原理图、程序流程图	能读懂图并且速度快		
列出单元 PLC I/O 分配、各元件数量、型号等	名称正确，和实际的一一对应		
工具摆放整齐	在操作中按照文明规范的要求		
万用表等工具的使用	识别各种工具，掌握正确使用方法		
传感器等控制部件的正确安装	熟悉和掌握安全操作常识，零元件安装后的正确放置、连线及测试方法		
装配所有元件后，通电联调	检查是否能正确动作，对出现的故障能否排除		
调试程序时的操作顺序	是否有程序流程图，调试是否有记录以及故障的排除		
调试成功	各工作站能分别正确完成工作，运行良好		
硬件及软件出现故障	排除故障的能力以及对待故障的态度		
与小组成员合作情况	能否与其他同学和睦相处，团结互助		
遵守纪律方面	按时上、下课，不中退		
地面、操作台干净	接线完毕后能清理现场的垃圾		
小组意见			
教师审核			
被检查人签名	教师评定	教师签名	

任务 3　装配单元的调试及故障诊断

（1）任务地点：校内自动化生产线实训室。

（2）任务对象：YL-335A 型自动生产线。

（3）任务分组：依据学生人数和自动生产线的数目进行分组，并选定组长。

（4）任务目的：

1）掌握装配单元的调试方法。

2）掌握装配单元的故障诊断方法。

（5）实施步骤：

1）装配单元的手动测试。在手动工作模式下，操作人员需在装配站侧首先把该站模式转换开关换到单站工作模式，然后用该站的启动和停止按钮操作，单步执行指定的测试项目（应确保料仓中至少有 3 件以上工件）。要从装配单元手动测试切换到全线运行方式，在按下停止按钮，且料台上没有装配完的工件时才有效。必须在前一项测试结束后，才能按下启动/停止按钮，进入下一项操作。顶料气缸和挡料气缸、气动手指和气动摆台活塞的运动速度通过节流阀进行调节。

2）检测输送站机械手能否将工件准确输送到装配单元。

测试状况：

① 伺服电机驱动夹着工件的机械手装置移动到装配站物料台的正前方。

② 按机械手手臂伸出→手臂下降→手爪松开→手臂缩回的动作顺序把工件放到装配站物料台上。

如果伺服电机驱动夹着工件的机械手装置不能准确移动到装配站物料台的正前方，其故障产生的原因有：

① 步进电机或驱动模块有故障。

② 同步带与同步轮间有打滑现象。

③ 输送单元的 S7-200 PLC 模块没有发出正常脉冲。

④ 支撑输送单元底板运动的双直线导轨发生故障。

3）检测装配单元对工件进行装配的过程。

测试状况：

① 工件装配站物料台的物料检测传感器检测到工件到来后，料仓上面顶料气缸活塞杆伸出，把次下层的物料顶住，使其不能下落；下方的挡料气缸活塞杆缩回，物料掉入回转物料台的料盘中，然后挡料气缸复位伸出，顶料气缸缩回，次下层物料下落，为下一次分料做好准备。

② 回转物料台顺时针旋转 180°（右旋），到位后按装配机械手下降→手爪抓取小圆柱→手爪提升→手臂伸出→手爪下降→手爪松开→装配机械手装置返回初始位置的动作顺序，把小圆柱工件装入大工件中，并将装配完成信号存储到装配单元 PLC 模块的数据存储区，等待主站读取。

③ 装配机械手单元复位的同时，回转送料单元逆时针旋转 180°（左旋）回转到原位。

④ 如果装配站的料仓内没有小圆柱工件或工件不足，则发出报警或预警信号并将其存入 PLC 模块的数据存储区，等待主站读取。

如果挡料气缸或顶料气缸不正常工作，其故障产生的原因有：

① 物料检测传感器故障。

② 气缸动作气路压力不足。

③ 节流阀的调节量过小，使气压不足。

④ 各气缸动作电磁阀故障。

4）检查输送站从装配单元把工件运送到分拣站的过程。

测试状况：

① 输送单元机械手伸出并抓取工件后，逆时针旋转90°步进电机驱动机械手装置从装配站向分拣站运送工件。

② 然后按机械手臂伸出→机械手臂下降→手爪松开放下工件→手臂缩回→返回原点的顺序返回原点→顺时针旋转90°。

如果输送站机械手动作不正常，其故障产生的原因有：

① 输送站机械手手爪位置检测传感器故障。

② 输送站机械手气缸动作气路压力不足。

③ 节流阀的调节量过小，使气压不足。

④ 输送站单元各气缸动作电磁阀故障。

如果输送站机械手装置不能准确旋转到分拣站的入料口，其故障产生的原因有：

① 气动摆台动作故障。

② 输送站机械手气缸动作气路压力不足。

③ 节流阀的调节量过小，使气压不足。

④ 输送站单元各气缸动作电磁阀故障。

⑤ 气动摆台定位不准。

5）调试运行。在编写、传输、调试程序的过程中，能进一步了解掌握设备调试的方法、技巧及注意点，同时填写表4-11所示的调试运行记录表。

表4-11 调试运行记录表

结果　　　　观察项目　　操作步骤	光电开关（回转台检测）	光纤（料台检测）	光电开关（料仓有无）	光电开关（料仓满）	手爪气缸	回转气缸	挡料气缸	回转气缸	顶料气缸	水平导杠缸	上下导杠缸
各机械设备的动作配合											
各电气设备是否正常工作											
电气控制线路的检查											
程序能否正常工作											
单元是否按程序正常运行											
故障现象											
解决办法											

可用表4-12对加工单元的安装与调试进行评分。

表 4-12　总评分表

评 分 表 学年		工 作 形 式 □个人　□小组分工　□小组	实际工作时间	
项目 训练	训练内容	训练要求	学生 自评	教师评分
加工 单元	1. 工作计划与图纸 （20分） 工作计划 材料清单 气路图 电路图 程序清单	电路绘制有错误，每处扣 0.5 分；机械手装置运动的限位保护没有设置或绘制有错误，扣 1.5 分；主电路绘制有错误，每处扣 0.5 分；电路符号不规范，每处扣 0.5 分，最多扣 2 分		
	2. 部件安装与连接 （20分）	装配未能完成，扣 2.5 分；装配完成，但有紧固件松动现象，扣 1 分		
	3. 连接工艺（20分） 电路连接工艺 气路连接工艺 机械安装及装配工艺	端子连接，插针压接不牢或超过 2 根导线，每处扣 0.5 分，端子连接处没有线号，每处扣 0.5 分，两项最多扣 3 分；电路接线没有绑扎或电路线凌乱，扣 2 分；机械手装置运动的限位保护未接线或接线错误，扣 1.5 分；气路连接未完成或有错，每处扣 2 分；气路连接有漏气现象，每处扣 1 分；气缸节流阀调整不当，每处扣 1 分；气管没有绑扎或气路连接凌乱，扣 2 分		
	4. 测试与功能（30分） 夹料功能 送料功能 整个装置全面检测	启动/停止方式不按控制要求，扣 1 分；运动测试不满足要求，每处扣 0.5 分；工件送料测试，但推出位置明显偏差，每处扣 0.5 分		
	5. 职业素养与安全意识 （10分）	现场操作安全保护符号安全操作规程；工具摆放、包装物品、导线线头等的处理符合职业岗位的要求；团队有分工、有合作，配合紧密；遵守纪律，尊重教师，爱惜设备和器材，保持工位的整洁		

【任务小结】

　（1）通过训练，大家熟悉了装配单元的结构，亲身实践、了解气动控制技术、传感器技术、PLC 控制技术的应用，并且在一个单元中将它们有机地融合在一起，体现了机电一体化控制技术的实现应用。

　（2）掌握工程工作方法，并培养严谨的工作作风。

【思考与训练】

　（1）功能和功能块有什么区别？

（2）组织块与其他逻辑块有什么区别？

（3）怎样生成多重背景功能块？怎么调用多重背景？

（4）认真执行培训项目执行进度记录，归纳装配单元 PLC 控制调试中的故障原因及排除故障的思路。

（5）在机械拆装以及电、气动控制电路的拆装过程中，进一步掌握气动系统、机械手的安装、调试的方法和技巧，并组织小组讨论和各小组之间的交流。

学习情境 5 分拣单元的安装与调试

【学习目标】

（1）知识目标：

1）认知自动化生产线分拣单元的基本结构。

2）掌握自动化生产线中的可编程序控制器的使用方法。

3）掌握分拣单元机械拆装与调试方法。

4）掌握分拣单元气动控制回路分析、连接方法。

5）掌握分拣单元电气线路分析、连接方法。

6）掌握分拣单元控制程序设计与调试方法。

（2）能力目标：

1）能动手安装分拣单元，包括机械、气路、电路等各组成部分。

2）能编制分拣单元的 PLC 控制程序并调试。

3）能诊断分拣单元出现的各种故障，并解决故障。

（3）素养目标：

1）培养学生对本专业实际工作的兴趣和热爱。正所谓：兴趣是学习的最大动力。

2）训练学生自主学习、终身学习的意识和能力。正所谓：授人以鱼，不如授之以渔。

3）培养学生理论联系实际的严谨作风，建立用科学的手段去发现问题、分析问题、解决问题的一般思路。

4）培养学生刻苦钻研、勇于拼搏的精神和敢于承担责任的勇气。

5）促使学生建立正确的人生观、世界观，树立一个良好的职业心态，增强面对事业挫折的能力。

6）解放思想、启发思维，培养学生勇于创新的精神。

【任务引入】

不同的物料需要区分开，自动生产线通过分拣单元实现对物料的分类，那在分拣单元是如何实现物料的分类呢？

【任务描述】

分拣单元完成对上一单元送来的已加工、装配的工件进行分拣，使不同颜色的工件从不同的料槽分流的功能。当输送站送来工件放到传送带上并为入料口光电传感器检测到时，即启动变频器，工件开始送入分拣区进行分拣。分拣单元的安装过程锻炼和培养学生的动手能力，加深其对各类机械部件的了解，掌握其机械的结构。

【知识准备】

5.1 自动生产线中的异步电动机控制

在自动生产线中，有许多机械运动控制，就像人的手和足一样，用来完成机械运动和动作。实际上，自动化生产线中作为动力源的传动装置有各种电动机、气动装置和液压装置。在 YL-335A 中，分拣单元传送带的运动控制由交流电机来完成。若异步电动机就像是兵器的话，其控制器就像招式。YL-335A 的分拣站的传送带动力为三相交流异步电动机，在运行中，它不仅要求可以改变速度，也需要改变方向。交流异步电动机利用电磁线圈把电能转换成电磁力，再依靠电磁力做功，从而把电能转换成转子的机械运动。交流电动机结构简单，可产生较大功率，在有交流电源的地方都可以使用。

5.1.1 交流异步电动机的使用

YL-335A 分拣站的传送带使用了带减速装置的三相交流电动机，使得传送带的运转速度适中，如图 5-1 所示。

当交流异步电动机绕组电流的频率为 f，电机的磁极对数为 p，则同步转速（r/min）可用 $n_0 = 120f/p$ 表示。异步电动机的转子转速 n 见式（5-1）：

$$n = \frac{60f}{p}(1 - s) \tag{5-1}$$

式中　s——转差率。

由式（5-1）可见，要改变电动机的转速：（1）改变磁极对数 p；（2）改变转差率 s；（3）改变频率 f。

图 5-1　三相交流（减速）电动机

在 YL-335A 分拣单元的传送带的控制上，交流电动机的调速采用变频调速的方式。如何来实现传送带的方向控制？常规通过改变交流电动机的供电电源的相序，就可以改变电动机的转向。分拣单元电机的速度方向控制都是由变频器完成。

三相异步电动机在运行过程中需注意，若其中一相和电源断开，则变成单相运行。此时电机仍会按原来的方向运转。但若负载不变，三相供电变为单相供电，电流将变大，导致电机过热。使用中要特别注意这种现象；三相异步电动机若在启动前有一相断电，将不能启动。此时只能听到嗡嗡声，长时间启动不了，也会过热，必须赶快排除故障。注意外壳的接地必须可靠地接大地，防止漏电引起人身伤害。

5.1.2　通用变频器驱动装置的使用

　　YL-335A 分拣站使用的三相交流减速电动机的速度、方向控制采用西门子通用变频器 MM420，其电气连接如图 5-2 所示。三相交流电源经熔断器、交流接触器、滤波器（可选）、变频器输出到交流电动机。

　　在图 5-2 中，有两点需注意：一是屏蔽；二是接地。滤波器到变频器、变频器到电动机的线采用屏蔽线，并且屏蔽层需要接地，另外带电设备的机壳要接地。

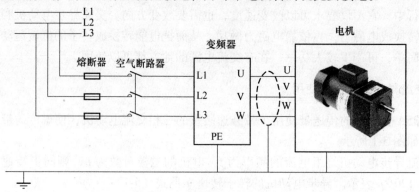

图 5-2　变频与电机的安装接线

5.1.2.1　通用变频器的工作原理

　　通用变频器是如何来实现电动机的方向及速度控制？变频器控制输出正弦波的驱动电源是以恒压频率比（U/f）保持磁通不变为基础的，经过正弦波脉宽调制（SPWM）驱动主电路，以产生 U、V、W 三相交流电驱动三相交流异步电动机。

　　什么是 SPWM？如图 5-3 所示，它先将 50Hz 交流经变压器得到所需的电压后，经二极管整流桥和 LC 滤波，形成恒定的直流电压，再送入 6 个大功率晶体管构成的逆变器主电路，输出三相频率和电压均可调整的等效于正弦波的脉宽调制波（SPWM 波），即可拖动三相异步电动机运转。

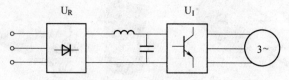

图 5-3　SPWM 交-直-交变压变频器的原理框图

　　什么是等效于正弦波的脉宽调制波？如图 5-4 所示，把正弦波分成 n 等份，每一区间的面积用与其相等的等幅不等宽的矩形面积代替。则矩形脉冲所组成的波形就与正弦波等效。正弦的正负半周均如此处理。

　　那么怎样产生图 5-4（b）所示的脉宽调制波？SPWM 调制的控制信号为幅值和频率均可调的正弦波，载波信号为三角波，如图 5-5（a）所示，该电路采用正弦波控制，三角波调制。当控制电压高于三角波电压时，比较器输出电压 U_d 为"高"电平，否则输出"低"电平。

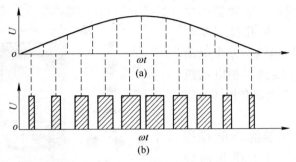

图 5-4 等效于正弦波的脉宽调制波

（a）正弦波；（b）脉宽调制波

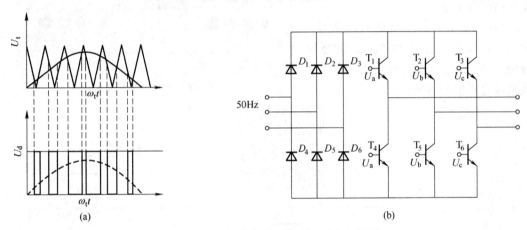

图 5-5 SPWM 变频器工作原理及电气简图

以 A 相为例，只要正弦控制波的最大值低于三角波的幅值，就导通 T_1、封锁 T_4，这样就输出等幅不等宽的 SPWM 脉宽调制波。

SPWM 调制波经功率放大才能驱动电机。在图 5-5（b）所示的 SPWM 变频器功率放大主回路中，左侧的桥式整流器将工频交流电变成直流恒值电压，给图中右侧逆变器供电。等效正弦脉宽调制波 U_a、U_b、U_c 送入 $T_1 \sim T_6$ 的基极，则逆变器输出脉宽正弦规律变化的等效矩形电压波，经过滤波变成正弦交流电用来驱动交流伺服电机。

5.1.2.2 西门子 MM420 变频器简介

西门子 MM420（MICROMASTER420）是用于控制三相交流电动机速度的变频器系列。该系列有多种型号，从单相电源电压、额定功率 120W 到三相电源电压、额定功率 11kW 可供用户选用。

YL-335A 选用的 MM420 额定参数为：电源电压 380～480V，三相交流；额定输出功率 0.75kW；额定输入电流 2.4A；额定输出电流 2.1A；外形尺寸为 A 型；操作面板为基本操作板（BOP）。

变频器安装在模块盒中，变频器的电源端头、电动机端头、主要的输入/输出端头都引出到模块面板的安全导线插孔上，以确保实训接线操作时的安全。在模块面板上还安装了调速电位器，用来调节变频器输出电压的频率。变频器模块面板如图 5-6 所示。MM420 变频器方框图如图 5-7 所示。

进行主电路接线时，变频器模块面板上的 L1、L2、L3 插孔接三相电源，接地插孔接保护地线；三个电动机插孔 U、V、W 连接到三相电动机（千万不能接错电源，否则会损坏变频器）。

（1）MM420 变频器的 BOP 操作面板。图 5-8 所示为基本操作面板（BOP）的外形。利用 BOP 可以改变变频器的各个参数。

BOP 具有 7 段显示的五位数字，可以显示参数的序号和数值、报警和故障信息，以及设定值和实际值。参数的信息不能用 BOP 存储。

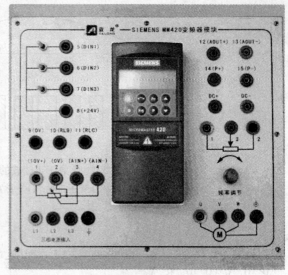

图 5-6　变频器模块面板

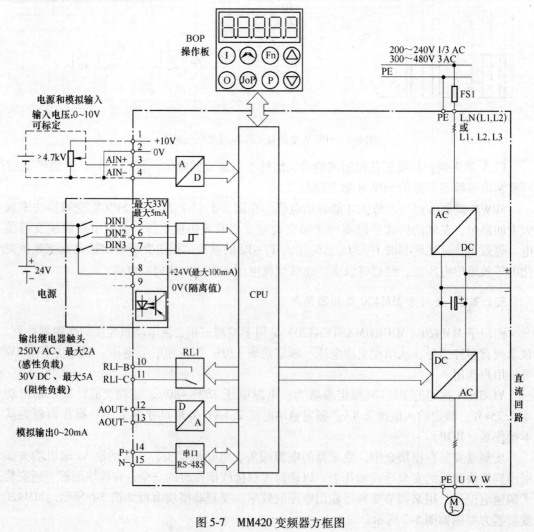

图 5-7　MM420 变频器方框图

图 5-8　BOP 操作面板

基本操作面板（BOP）上的按钮及其功能见表 5-1。

表 5-1　BOP 上的按钮及其功能

显示/按钮	功能	功能说明
r0000	状态显示	LCD 显示变频器当前的设定值
I	启动变频器	按此键启动变频器。缺省值运行时此键是被封锁的。为了使此键的操作有效，应设定 P0700=1
0	停止变频器	OFF1：按此键，变频器将按选定的斜坡下降速率减速停车，缺省值运行时此键被封锁；为了允许此键操作，应设定 P0700 = 1。 OFF2：按此键两次（或一次，但时间较长）电动机将在惯性作用下自由停车。此功能总是"使能"的
↻	改变电动机的转动方向	按此键可以改变电动机的转动方向，电动机的反向时，用负号表示或用闪烁的小数点表示。缺省值运行时此键是被封锁的，为了使此键的操作有效，应设定 P0700=1
jog	电动机点动	在变频器无输出的情况下按此键，将使电动机启动，并按预设定的点动频率运行。释放此键时，变频器停车。如果变频器/电动机正在运行，按此键将不起作用
Fn	功能	此键用于浏览辅助信息。 变频器运行过程中，在显示任何一个参数时按下此键并保持不动 2 s，将显示以下参数值（在变频器运行中从任何一个参数开始）： （1）直流回路电压（用 d 表示，单位：V）。 （2）输出电流 A。 （3）输出频率（Hz）。 （4）输出电压（用 o 表示，单位：V）。 （5）由 P0005 选定的数值（如果 P0005 选择显示上述参数中的任何一个（3、4 或 5），这里将不再显示）。 连续多次按下此键将轮流显示以上参数。 跳转功能： 在显示任何一个参数（r××××或 P××××）时短时间按下此键，将立即跳转到 r0000，如果需要的话，您可以接着修改其他的参数。跳转到 r0000 后，按此键将返回原来的显示点

显示/按钮	功　能	功能的说明
（P）	访问参数	按此键即可访问参数
（▲）	增加数值	按此键即可增加面板上显示的参数数值
（▼）	减少数值	按此键即可减少面板上显示的参数数值

（2）MM420 变频器的参数设置。

1）参数号和参数名称。参数号是指该参数的编号。参数号用 0000~9999 的 4 位数字表示。在参数号的前面冠以一个小写字母"r"时，表示该参数是"只读"的参数。其他所有参数号的前面都冠以一个大写字母"P"。这些参数的设定值可以直接在标题栏的"最小值"和"最大值"范围内进行修改。

［下标］表示该参数是一个带下标的参数，并且指定了下标的有效序号。

2）更改参数的数值的例子。用 BOP 可以修改和设定系统参数，使变频器具有期望的特性，如斜坡时间、最小和最大频率等。选择的参数号和设定的参数值在五位数字的 LCD 上显示。

更改参数的数值的步骤可大致归纳为：查找所选定的参数号；进入参数值访问级，修改参数值；确认并存储修改好的参数值。

图 5-9 说明如何改变参数 P0004 的数值。按照图中说明的类似方法，可以用"BOP"设定常用的参数。

参数 P0004（参数过滤器）的作用是根据所选定的一组功能，对参数进行过滤（或筛选），并集中对过滤出的一组参数进行访问，从而可以更方便地进行调试。P0004 可能的设定值见表 5-2，缺省的设定值为零。

表 5-2　参数 P0004 的设定值

设定值	所指定参数组意义	设定值	所指定参数组意义
0	全部参数	12	驱动装置的特征
2	变频器参数	13	电动机的控制
3	电动机参数	20	通讯
7	命令，二进制 I/O	21	报警／警告／监控
8	模-数转换和数-模转换	22	工艺参量控制器（如 PID）
10	设定值通道/ RFG（斜坡函数发生器）		

假设参数 P0004 设定值为零，需要把设定值改变为 7。改变设定数值的步骤如图 5-9 所示。

图 5-9　改变参数 P0004 数值的步骤

3）常用参数的设置。表 5-3 给出了 YL-335A 上常用到的变频器参数设置值。如果希望设置更多的参数，请参考 MM420 用户手册。

表 5-3　YL-335A 上常用的变频器参数设置值

序号	参数代号	参数意义	参数组别	设置值	设置值说明
1	P0010	快速调试	常用	30	调出出厂设置参数
2	P0970	工厂复位	参数复位	0	恢复出厂值
3	P0003	参数访问级	常用	3	
4	P0004	参数过滤器	常用	0	
5	P0100	使用地区	快速调试	0	参数用于确定功率设定值单位（KW 或 HP）和频率缺省值
6	P0700	选择命令源	命令	2	由端子排输入
7	P0701	数字输入 1 的功能	命令	1	ON/OFF 1（接通正转/停车命令）
8	P0702	数字输入 2 的功能	命令	15	固定频率设定值（直接选择）
9	P0703	数字输入 3 的功能	命令	15	固定频率设定值（直接选择）
10	P1000	选择频率设定值	设定值	3	固定频率
11	P1002	固定频率 2	设定值		DIN2 ON 时固定频率
12	P1003	固定频率 4	设定值		DIN3 ON 时固定频率
13	P1080	电动机最小频率	设定值	0Hz	
14	P1082	电动机最大频率	设定值	50.00Hz	
15	P1120	斜坡上升时间	设定值	2S	缺省值：10S
16	P1121	斜坡下降时间	设定值	2S	缺省值：10S

4）部分常用参数设置说明（更详细的参数设置说明请参考 MM420 用户手册）。

参数 P0003 用于定义用户访问参数组的等级，设置范围为 0~4，其中：

1　代表标准级：可以访问最经常使用的参数。

2　代表扩展级：允许扩展访问参数的范围，如变频器的 I/O 功能。

3　代表专家级：只供专家使用。

4　代表维修级：只供授权的维修人员使用——具有密码保护。

该参数缺省设置为等级 1（标准级），YL-335A 装备中预设置为等级 3（专家级），目的是允许用户可访问 1、2 级的参数及参数范围和定义用户参数，并对复杂的功能进行编程。用户可以修改设置值，但建议不要设置为等级 4（维修级）。

参数 P0010 是调试参数过滤器，对与调试相关的参数进行过滤，只筛选出那些与特定功能组有关的参数。P0010 的可能设定值为：0（准备），1（快速调试），2（变频器），29（下载），30（工厂的缺省设定值）；缺省设定值为 0。

当选择 P0010=1 时，进行快速调试；若选择 P0010=30，则进行把所有参数复位为工厂的缺省设定值的操作。应注意的是，在变频器投入运行之前应将本参数复位为零。

将变频器复位为工厂的缺省设定值的步骤：

为了把变频器的全部参数复位为工厂的缺省设定值，应按照下面的数值设定参数：设定 P0010 = 30，设定 P0970 = 1。这时便开始参数的复位。变频器将自动地把它的所有参数都复位为它们各自的缺省设置值。

如果用户在参数调试过程中遇到问题，并且希望重新开始调试，实践证明这种复位操作方法是非常有用的。复位为工厂缺省设置值的时间大约要 60s。

5.2　伺服电动机及驱动器在自动生产线中的使用

伺服电动机又称执行电动机，在自动控制系统中用做执行元件，把所收到的电信号转换成电动机轴上的角位移或角速度输出，分为直流和交流伺服电动机两大类，其主要特点是：当信号电压为零时无自转现象，转速随着转矩的增加而匀速下降。交流伺服电机是无刷电机，分为同步和异步电机，目前运动控制中一般都有同步电机，它的功率范围大，可以做到很大的功率，惯量大，因而适合做低速平稳运行。

20 世纪 80 年代以来，随着集成电路、电力电子技术和交流可变速驱动技术的发展，永磁交流伺服驱动技术有了突出的发展，交流伺服系统已成为当代高性能伺服系统的主要发展方向。

当前，高性能的电伺服系统大多采用永磁同步型交流伺服电动机，控制驱动器多采用快速、准确定位的全数字位置伺服系统。典型生产厂家如德国西门子、美国科尔摩根和日本安川等公司，YL-335B 采用了松下 MINAS-A4 系列伺服电机及驱动。

5.2.1　认知交流伺服电动机及驱动

在 YL-335B 的输送单元中，采用了松下 MHMD022PIU 永磁同步交流伺服电机及 MADDT1207003 全数字交流永磁同步伺服驱动装置作为运输机械手的运动控制装置，如图 5-10 所示。

交流伺服电机的工作原理：伺服电机内部的转子是永磁铁，驱动器控制的 U/V/W 三

图 5-10　YL-335B 的输送单元上的伺服电机及驱动器

相电形成电磁场，转子在此磁场的作用下转动，同时电机自动的编码器反馈信号给驱动器，驱动器根据反馈值与目标值进行比较，调整转子转动的角度。伺服电机的精度决定于编码器的精度（线数）。其结构如图 5-11 所示。注意，伺服电机最容易损坏的是电机的编码器，因为其中有很精密的玻璃光盘和光电元件，因此电机应避免强烈的震动，不得敲击电机的端部和编码器部分。MHMD022PIU 的含义：MHMD表示电机类型为大惯量，02 表示电机的额

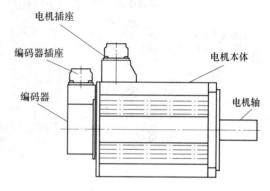

图 5-11　伺服电机结构

定功率为 200W，2 表示电压规格为 200V，P 表示编码器为增量式编码器，脉冲数为 2500p/r，分辨率为 10000，输出信号线数为 5 根线。

交流永磁同步伺服驱动器主要有伺服控制单元、功率驱动单元、通信接口单元、伺服电动机及相应的反馈检测器件组成，其控制器系统结构如图 5-12 所示。其中伺服控制单元包括位置控制器、速度控制器、转矩和电流控制器等。

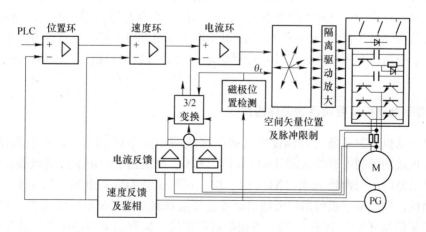

图 5-12　伺服驱动器的结构

MADDT1207003 的含义：MADDT 表示松下 A4 系列 A 型驱动器，T1 表示最大瞬时输出电流为 10A，2 表示电源电压规格为单相 200V，07 表示电流监测器额定电流为 7.5A，003 表示脉冲控制专用。其面板如图 5-13 所示。

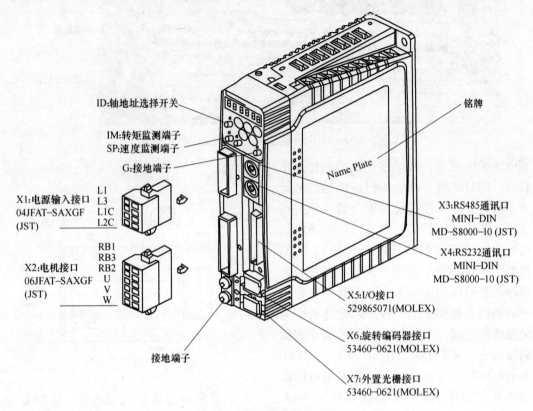

图 5-13　伺服驱动器的面板

松下的伺服驱动器有 7 种控制运行方式，即位置控制、速度控制、转矩控制、位置/速度控制、位置/转矩、速度/转矩、全闭环控制。位置方式就是输入脉冲串来使电机定位运行，电机转速与脉冲串频率相关，电机转动的角度与脉冲个数相关；速度方式有两种，一是通过输入直流－10~+10V 指令电压调速；二是选用驱动器内设置的内部速度来调速。转矩方式是通过输入直流－10~+10V 指令电压调节电机的输出转矩，这种方式下运行必须要进行速度限制，有两种方法：（1）设置驱动器内的参数来限制；（2）输入模拟量电压限速。

5.2.2　伺服电动机及驱动器的硬件接线

伺服电动机及驱动器与外围设备之间的接线图如图 5-14 所示。输入电源经断路器、滤波器后直接到控制电源输入端（X1）L1C、L2C，滤波器后的电源经接触器、电抗器后到伺服驱动器的主电源输入端（X1）L1、L3，伺服驱动器输出电源（X2）U、V、W 接伺服电动机，伺服电动机的编码器输出信号也要接到驱动器的编码器输入端（X6），相关的 I/O 控制信号（X5）还有与 PLC 等控制器相连接，伺服驱动器还可以与计算机或手持控制器相连，用于参数设置。下面将从三个方面来介绍伺服驱动装置的接线。

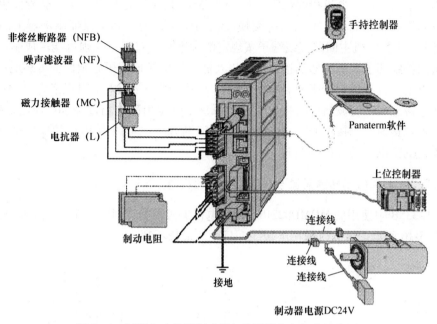

图 5-14 伺服电动机及驱动器与外围设备之间的接线图

5.2.2.1 主回路的接线

MADDT1207003 伺服驱动器的主接线图如图 5-15 所示，接线时，电源电压务必按照

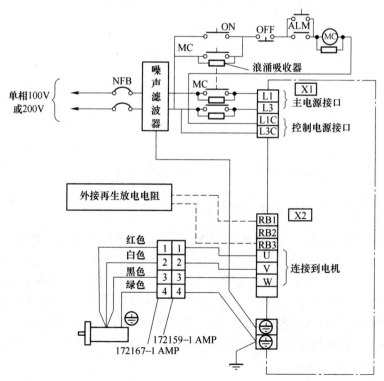

图 5-15 伺服驱动器主电路的接线

驱动器铭牌上的指示，电机接线端子（U、V、W）不可以接地或短接，交流伺服电动机的旋转方向不像感应电动机可以通过交换三相相序来改变，必须保证驱动器上的 U、V、W、E 接线端子与电机主回路接线端子按规定的次序一一对应，否则可能造成驱动器的损坏。电机的接线端子和驱动器的接线端子以及滤波器的接地端子必须保证可靠地连接到同一个接地点上，机身也必须接地。本型号的伺服驱动器外接放电电阻规格为 100Ω/10W。

单相电源经噪声滤波器后直接给控制电源，主电源由磁力启动器 MC 控制，按下 ON 按钮，主电源接通，当按下 OFF 按钮时，主电源断开。也可改由 PLC 的输出接点来控制伺服驱动器的主电源的接通与断开。

5.2.2.2　电机的光电编码器与伺服驱动器的接线

在 YL-335B 中使用的 MHMD022PIU 伺服电机编码器为 2500 p/r 的 5 线增量式编码器，接线如图 5-16 所示，接线时采用屏蔽线，且距离最长不超过 30m。

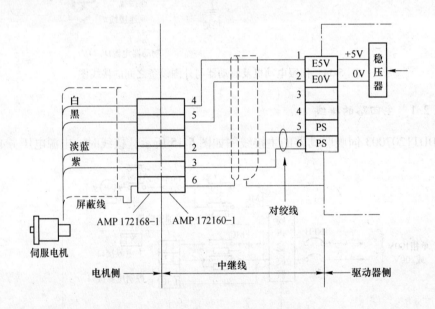

图 5-16　电机编码器与伺服驱动器的连接

5.2.2.3　PLC 控制器与伺服驱动器的接线

MADDT1207003 伺服驱动器的控制端口 CNX5 的定义如图 5-17 所示，其中有 10 路开关量输入点，在 YL-335A 中使用了 3 个输入端口，CNX5_ 29（SRV-ON）伺服使能端接低电平、CNX5_ 8（CWL）接左限位开关输入、CNX5_ 9（CCWL）接右限位开关输入；有 6 路开关量输出，只用到了 CNX5_ 7（ALM）伺服报警；有 2 路脉冲量输入，在 YL335B 中分别用做脉冲和方向指令信号连接到 S7-226PLC 的高速输出端 Q0.0 和 Q0.1；有 4 路脉冲量输出，3 路模拟量输入，在 YL-335B 中未使用。对其他输入量的定义请参看《松下 A 系列伺服电机手册》。

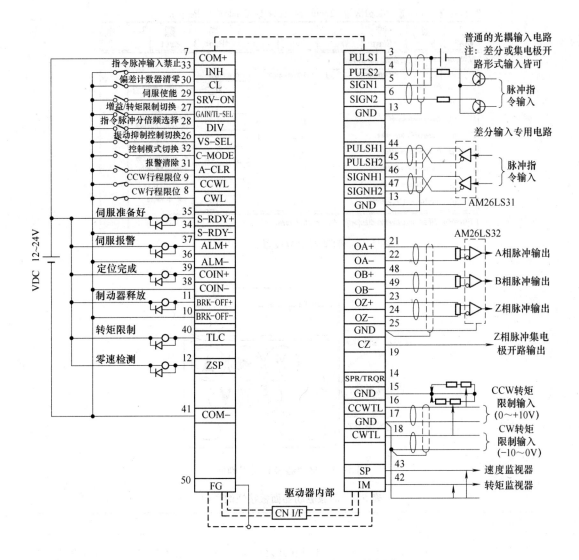

图 5-17 MADDT1207003 伺服驱动器的控制端口图

5.2.3 伺服驱动器的参数设置与调整

5.2.3.1 参数设置方式操作说明

MADDT1207003 伺服驱动器的参数共有 128 个，Pr00～Pr7F，可以通过与 PC 连接后在专门的调试软件上进行设置，也可以在驱动器的面板上进行设置。在 PC 上安装，通过与伺服驱动器建立起通信，就可将伺服驱动器的参数状态读出或写入，非常方便，如图 5-18 所示。当现场条件不允许，或修改少量参数时，也可通过驱动器上操作面板来完成，操作面板如图 5-19 所示，各个按钮的说明见表 5-4。

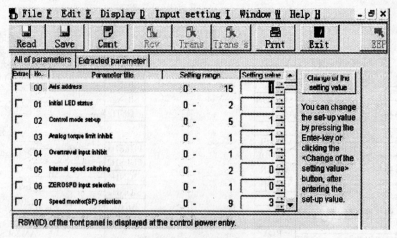

图 5-18　驱动器参数设置软件 Panaterm

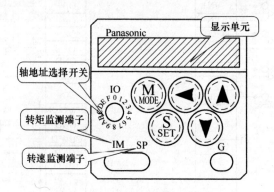

图 5-19　驱动器参数设置画面

表 5-4　伺服驱动器面板按钮的说明

按键说明	激活条件	功　能
MODE	在模式显示时有效	在以下 5 种模式之间切换：（1）监视器模式；（2）参数设置模式；（3）EEPROM 写入模式；（4）自动调整模式；（5）辅助功能模式
SET	一直有效	用来在模式显示和执行显示之间切换
▲ ▼	仅对小数点闪烁的那一位数据位有效	改变各模式里的显示内容、更改参数、选择参数或执行选中的操作
◀		把移动的小数点移动到更高位数

面板操作说明：

（1）参数设置，先按"SET"键，再按"MODE"键选择到"Pr00"后，按向上、向下或向左的方向键选择通用参数的项目，按"SET"键进入。然后按向上、向下或向左的方向键调整参数，调整完后，按"S"键返回。选择其他项再调整。

（2）参数保持，按"MODE"键选择到"EE-SET"后按"SET"键确认，出现

"EEP—"，然后按向上键3s，出现"FINISH"或"RESET"，然后重新上电即可保存。

5.2.3.2 部分参数说明

在YL-335B上，伺服驱动装置工作于位置控制模式，S7-226的Q0.0输出脉冲作为伺服驱动器的位置指令，脉冲的数量决定伺服电机的旋转位移，即机械手的直线位移，脉冲的频率决定了伺服电机的旋转速度，即机械手的运动速度，S7-226的Q0.1输出脉冲作为伺服驱动器的方向指令。对于控制要求较为简单，伺服驱动器可采用自动增益调整模式。根据上述要求，伺服驱动器参数设置见表5-5。

表5-5 伺服驱动器参数设置

序号	参数		设置参数	功能和含义
	参数编号	参数名称		
1	Pr01	LED初始状态	1	显示电机转速
2	Pr02	控制模式	0	位置控制（相关代码P）
3	Pr04	行程限位禁止输入无效设置	2	当左或右限位动作，则会发生Err38行程限位禁止输入信号出错报警。设置此参数值必须在控制电源断电重启之后才能修改，写入成功
4	Pr20	惯量比	1678	该值自动调整到，具体请参AC
5	Pr21	实时自动增益设置	1	实时自动调整为常规模式，运行时负载惯量的变化情况很小
6	Pr22	实时自动增益的机械刚性选择	1	此参数值设得越大，响应越快，但过大可能不稳定
7	Pr41	指令脉冲旋转方向设置	1	指令脉冲+指令方向，设置此参数值必须在控制电源断电重启之后才能修改、写入成功
8	Pr42	指令脉冲输入方法	3	指令脉冲+指令方向 PULS SIGN L低电平 H高电平
9	Pr48	指令脉冲分倍频第1分子	10000	每转所需指令脉冲数 = 编码器分辨率 × $\frac{Pr4B}{Pr4B \times 2^{Pr4A}}$，
10	Pr49	指令脉冲分倍频第2分子	0	编码器分辨率为10000（2500p/r×4），则每转所需指令
11	PrA	指令脉冲分倍频分子倍频	0	脉冲数 = $10000 \times \frac{5000}{10000 \times 2^0} = 5000$
12	PrB	指令脉冲分倍频分母	5000	

5.3 分拣单元的结构

5.3.1 分拣单元的功能

分拣单元是YL-335A中的最末单元，完成对上一单元送来的已加工、装配的工件进行分拣，使不同颜色的工件从不同的料槽分流的功能。当输送站送来工件放到传送带上并为入料口光电传感器检测到时，即启动变频器，工件开始送入分拣区进行分拣。图5-20所示为分拣单元实物全貌。

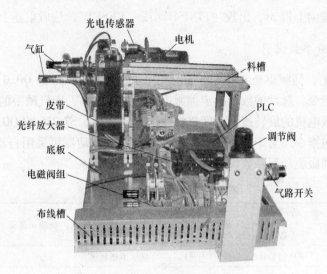

图 5-20　分拣单元实物全貌

5.3.2　分拣单元的结构组成

分拣单元的结构组成如图 5-21 所示。其主要结构组成为传送和分拣机构、传动机构、变频器模块、电磁阀组、接线端口、PLC 模块、底板等。

（1）传送和分拣机构。

传送和分拣机构如图 5-21 所示。传送已经加工、装配好的工件，在光纤传感器检测到并进行分拣。它主要由传送带、物料槽、推料（分拣）气缸、漫射式光电传感器、光纤传感器、磁感应接近式传感器组成。

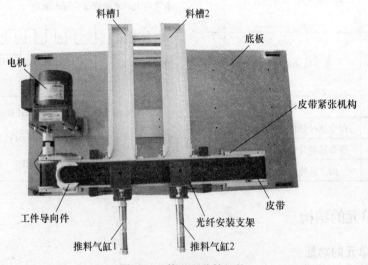

图 5-21　传送和分拣机构

传送带是把机械手输送过来加工好的工件进行传输，输送至分拣区。导向件是用纠偏机械手输送过来的工件。两条物料槽分别用于存放加工好的黑色工件和白色工件。

传送和分拣的工作原理：本站的功能是完成从装配站送来的装配好的工件进行分拣。

当输送站送来工件放到传送带上并为入料口漫射式光电传感器检测到时，将信号传输给PLC，通过PLC的程序启动变频器，电机运转驱动传送带工作，把工件带进分拣区，如果进入分拣区工件为白色，则检测白色物料的光纤传感器动作，作为1号槽推料气缸启动信号，将白色料推到1号槽里，如果进入分拣区工件为黑色，检测黑色的光纤传感器作为2号槽推料气缸启动信号，将黑色料推到2号槽里。自动生产线的加工结束。

在每个料槽的对面都装有推料（分拣）气缸，把分拣出的工件推到对号的料槽中。在两个推料（分拣）气缸的前极限位置分别装有磁感应接近开关，在PLC的自动控制可根据该信号来判别分拣气缸当前所处位置。当推料（分拣）气缸将物料推出时磁感应接近开关动作输出信号为"1"；反之，输出信号为"0"。

在安装和调试传送、分拣机构时须注意：

1）分拣单元的两个气缸安装时需注意：一是安装位置，应使工件从料槽中间被推入；二是要注意安装水平，否则有可能推翻工件。

2）为了准确且平稳地把工件从滑槽中间推出，需要仔细地调整两个分拣气缸的位置和气缸活塞杆的伸出速度，调整方法在前面已经叙述过了。

3）在传送带入料口位置装有漫射式光电传感器，用以检测是否有工件输送过来进行分拣。有工件时，漫射式光电传感器将信号传输给PLC，用户PLC程序输出启动变频器信号，从而驱动三相减速电动机启动，将工件输送至分拣区。

该光电开关灵敏度的调整以能在传送带上方检测到工件为准，过高的灵敏度会引入干扰。

4）在传送带上方分别装有两个光纤传感器，如图5-22所示。光纤传感器由光纤检测头、光纤放大器两部分组成，放大器和光纤检测头是分离的两个部分，光纤检测头的尾端部分分成两条光纤，使用时分别插入放大器的两个光纤孔。放大器的安装示意图如图5-23所示。

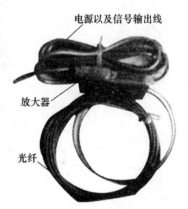

图 5-22 光纤传感器

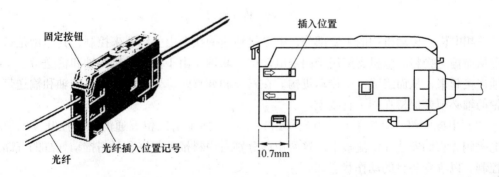

图 5-23 光纤传感器放大器单元的安装示意图

光纤传感器也是光电传感器的一种，相对于传统电量型传感器（热电偶、热电阻、压阻式、振弦式、磁电式），光纤传感器具有下述优点：抗电磁干扰、可工作于恶劣环境，传输距离远，使用寿命长；此外，由于光纤头具有较小的体积，因此可以安装在很小空间的地方。

光纤式光电接近开关的放大器的灵敏度调节范围较大。当光纤传感器灵敏度调得较小时，反射性较差的黑色物体，光电探测器无法接收到反射信号；而反射性较好的白色物体，光电探测器就可以接收到反射信号。反之，若调高光纤传感器灵敏度，则即使对反射性较差的黑色物体，光电探测器也可以接收到反射信号。从而可以通过调节灵敏度判别黑白两种颜色物体，将两种物料区分开，完成自动分拣工序。

图 3-16 给出了放大器单元的俯视图。调节其中部的 8 旋转灵敏度高速旋钮就能进行放大器灵敏度调节（顺时针旋转灵敏度增大）。调节时，会看到"入光量显示灯"发光的变化。当探测器检测到物料时，"动作显示灯"会亮，提示检测到物料。

E3Z-NA11 型光纤传感器电路框图如图 3-15 所示。接线时请注意根据导线颜色判断电源极性和信号输出线，本单元使用的是褐色、黑色和蓝色线。

（2）传动机构。传动机构如图 5-24 所示。采用的三相减速电机，用于拖动传送带从而输送物料。它主要由电机支架、电动机、联轴器等组成。

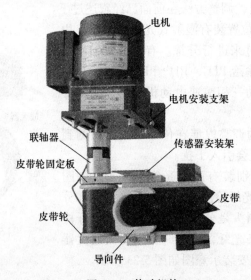

图 5-24　传动机构

三相电机是传动机构的主要部分，电动机转速的快慢由变频器来控制，其作用是带传送带从而输送物料。电机支架用于固定电动机。联轴器由于把电动机的轴和输送带主动轮的轴连接起来，从而组成一个传动机构。在安装和调整时，要注意电动机的轴和输送带主动轮的轴必须要保持在同一直线上。

（3）电磁阀组。分拣单元的电磁阀组只使用了两个由二位五通的带手控开关的单电控电磁阀，它们安装在汇流板上。这两个阀分别对白料推动气缸和黑料推动气缸的气路进行控制，以改变各自的动作状态。

所采用的电磁阀所带手控开关有锁定（LOCK）和开启（PUSH）两种位置。在进行设备调试时，使手控开关处于开启位置，可以使用手控开关对阀进行控制，从而实现对相应气路的控制，以改变推料缸等执行机构的控制，达到调试的目的。

5.3.3 气动控制回路

分拣单元气动控制回路的工作原理如图 5-25 所示。图中 1A 和 2A 分别为分拣气缸一和分拣气缸二。1B1 为安装在分拣气缸一的前极限工作位置的磁感应接近开关，2B1 为安装在分拣气缸二的前极限工作位置的磁感应接近开关。1Y1 和 2Y1 分别为控制分拣气缸一和分拣气缸二的电磁阀的电磁控制端。

5.3.4 分拣单元的电气控制

本单元中，传感器信号占用 5 个输入点，留出 2 个点提供给急停按钮和启/停按钮作本地主令信号，共需 6 点输入；输出点数为 4 个，其中 2 个输出点提供给变频器使用。选用西门子 S7-222 AC/DC/RLY 主单元，共 8 点输入和 6 点继电器输出，见表 5-6。分拣单元的 I/O 接线原理图如图 5-26 所示。

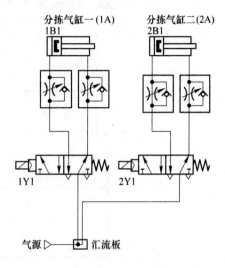

图 5-25 分拣单元气动控制回路工作原理图

表 5-6 分拣单元 PLC 的 I/O 信号表

输入信号				输出信号			
序号	PLC 输入点	信号名称	信号来源	序号	PLC 输出点	信号名称	信号来源
1	I0.0	推杆 1 到位检测		1	Q0.0	推料 1 电磁阀	
2	I0.1	推杆 2 到位检测		2	Q0.1	推料 2 电磁阀	
3	I0.2	光纤传感器		3	Q0.2		
4	I0.3	光纤传感器	按钮	4	Q0.3		
5	I0.4	物料口检测传感器		5	Q0.4	变频器启停控制	
6	I0.5	启/停按钮		6	Q0.5	变频器启停控制	
7							
8							

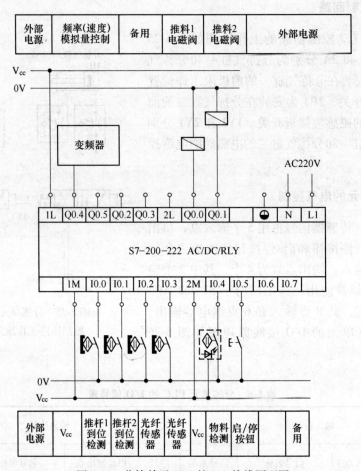

图 5-26　分拣单元 PLC 的 I/O 接线原理图

　　如果希望增加变频器的控制点数，可重新组态，更改输出端子的接线，即把 Q0.4 和 Q0.5 分配给分拣气缸电磁阀，而把 Q0.0~Q0.2 分配给变频器的 5、6、7 号控制端子用。

【学习小结】

　　变频调速是交流调速的重要发展方向，目前得到了广泛的应用。正弦波脉宽调制是对逆变器的开关元件按一定规律控制其通断，从而获得一组等幅不等宽的矩形脉冲，其基波近视正弦波电压。当前变频器越来越智能化，应用中重点关注其参数设置、与外部设备的连接及控制。

　　实际应用中，根据生产线项目控制需要对变频器进行复制的设置，更多内容可以参看相关技术手册。也可以根据生产线上电动机的驱动要求选择其他伺服驱动装置，如直流电动机采用晶体管直流脉宽调制驱动器、矢量控制交流变频驱动器等。

　　在 YL-335A 中，交流伺服电机是输送单元的运动执行元件，其功能是将电信号转换成机械手的直线位移或速度。伺服电机分为交流伺服和直流伺服两大类。交流伺服系统已成为当代高性能伺服系统的主要发展方向。常用的交流伺服电机一般由永磁式同步电机和同轴的光电编码器构成，内装编码器的精度决定了控制精度。

交流伺服驱动器由伺服控制单元、功率驱动单元、通信接口单元、伺服电动机及相应的反馈检测器件组成，伺服控制单元包括位置控制器、速度控制器、转矩控制器等。本任务中需要掌握伺服电机及伺服驱动器的电气特性，正确认识伺服驱动器的外部端口功用，能正确地接线，能正确地设定伺服驱动器的控制参数。

学习本部分内容时应通过训练熟悉分拣单元的机构与功能，亲身实践自动生产线的PLC对电磁阀、伺服电机等控制技术，并使这些技术融会贯通。

【任务实施】

任务1 分拣单元机械拆装与调试

（1）任务地点：校内自动化生产线实训室。

（2）任务对象：YL-335A 型自动生产线。

（3）任务分组：依据学生人数和自动生产线的数目进行分组，并选定组长。

（4）任务目的：

1）锻炼和培养学生的动手能力。

2）加深对各类机械部件的了解，掌握其机械的结构。

3）巩固和加强机械制图课程的理论知识，为机械设计、专业课等后续课程的学习奠定必要的基础。

4）掌握机械总成、各零部件及其相互间的连接关系、拆装方法和步骤及注意事项。

5）锻炼动手能力，学习拆装方法和正确地使用常用机、工、量具和专门工具。

6）熟悉和掌握安全操作常识，零部件拆装后的正确放置、分类及清洗方法，培养文明生产的良好习惯。

7）通过电脑制图，绘制单个零部件图。

（5）任务内容：

1）识别各种工具，掌握正确使用方法。

2）拆卸、组装各机械零部件、控制部件，如气缸、电动机、转盘、过滤器、PLC、开关电源、按钮等。

3）装配所有的零部件，装配到位，密封良好，转动自如。

注：在拆卸零件的过程中整体的零件不允许破坏性拆开，如气缸、丝杆副等。

（6）拆装要求：

具体拆卸与组装，先外部后内部，先部件后零件，按装配工艺顺序进行，拆卸的零件按顺序摆放，进行必要的记录、擦洗和清理。装配时按顺序进行，要一次安装到位。每个学生都要动手（注意：先拆的后装、后拆的先装）。

（7）实施步骤：

1）拆卸。

工作台面：

① 准备各种拆卸工具，熟悉工具的正确使用方法。

② 了解所拆卸的机器主要结构，分析和确定主要拆卸内容。

③ 端盖、压盖、外壳类拆卸；接管、支架、辅助件拆卸。

④ 内部辅助件及其他零部件拆卸、清洗。

⑤ 各零部件分类、清洗、记录等。

元器件及线路板：

① 准备各种拆卸工具，熟悉工具的正确使用方法。

② 了解所拆卸的器件主要分布，分析和确定主要拆卸内容。

③ PLC、空气开关、熔断丝座、I/O 接口板、转接端子及端盖、开关电源、导轨拆卸。

④ 各元器件分类、注意元器件的分布结构、记录等。

2）组装。

① 先把支架、运输带定位安装，然后进行整体安装。

② 传感器支架、气缸、支架安装。

③ 安装 2 个气缸。

④ 料槽安装，根据气缸位置调整，一般与料槽支架两边平衡。

⑤ 电机安装。

⑥ 装调位置，将 2 个气缸调整到料槽中间。

3）分拣单元机械拆装任务书。表 5-7～表 5-9 为实训相关表格。

表 5-7　培训项目工作计划表

项目执行进度单		项目名称	项目执行人	编号
		分拣单元的拆装		
班级名称		开始时间	结束时间	总学时
班级人数				180min

项目执行进度

序号	内　　容	方　　式	时间分配
1	根据实际情况调整小组成员，布置实训任务	教师安排	5min
2	小组讨论、查找资料，根据生产线的工作站单元总图、气动回路原理图、安装接线图，并列出单元机械组成、各零件数量、型号等	学员为主，教师点评	20min
3	准备各种拆卸工具，熟悉工具的正确使用方法	学员，器材管理员	10min
4	了解所拆卸的机器主要结构，分析和确定主要拆卸内容	学员为主，教师指导	10min
5	端盖、压盖、外壳类拆卸；接管、支架、辅助件拆卸；内部辅助件及其他零部件拆卸、清洗	学员为主，教师指导	45min
6	参考总图，理清组装顺序。检测是否有未装零件，检查组装是否合理、正确和适度	学员为主，互相检查	45min
7	拆装过程中，做好各零部件分类、清洗、记录等	学员为主，教师指导	15min
8	组装过程中，在教师指导下，解决碰到的问题，并鼓励学生互相讨论，自己解决	学员为主，教师引导	10min
9	小组成员交叉检查并填写实习实训项目检查单	学员为主	10min
10	教师给学员评分	教师评定	10min
执行人签名		教师签名	专业组长签名	

表 5-8 培训项目设备、工具、耗材准备单

项目设备、工具、耗材准备单	项目名称		项目执行人	编 号
	分拣单元的拆装			
班级名称			开始时间	结束时间
班级人数				

项目设备、工具

类型	序号	名 称	型 号	数量	备 注
设备	1	自动生产线实训装置	YL-335A 型	3 台	每个工作站安排 4 人
工具	1	数字万用表	9205	1 块	实验实训教研室
	2	十字螺丝刀	8寸、4寸	2 把	
	3	一字螺丝刀	8寸、4寸	2 把	
	4	镊 子		1 把	
	5	尖嘴钳	6 寸	1 把	
	6	扳手			
	7	内六角扳手		1 套	
执行人签名		教师签名		专业组长签名	

表 5-9 培训项目检查单

项目名称		项目指导教师	编 号
分拣单元的拆装			
班级名称	检 查 人	检查时间	检查评价

检查内容	检查要点	评 价
参与查找资料,掌握生产线的工作站单元总图、气动回路原理图、安装接线图	能读懂图并且速度快	
列出单元机械组成、各零件数量、型号等	名称正确,了解结构	
工具摆放整齐	在操作中按照文明规范的要求	
工具的使用	识别各种工具,掌握正确使用方法	
拆卸、组装各机械零部件、控制部件	熟悉和掌握安全操作常识,零部件拆装后的正确放置、分类及清洗方法	
装配所有零部件	检查是否有未装零件,检查组装是否合理、正确和适度	
调试时操作顺序	机械部件状态(如运动时是否干涉,连接是否松动)正确和可靠气管连接	
调试成功	工作站各机械能正确完成工作,装配到位,密封良好,转动自如	

检 查 内 容	检 查 要 点	评 价
拆装出现故障	排除故障的能力以及对待故障的态度	
与小组成员合作情况	能否与其他同学和睦相处，团结互助	
遵守纪律方面	按时上、下课，不中退	
地面、操作台干净	接线完毕后能清理现场的垃圾	
小组意见		
教师审核		
被检查人签名	教师评等	教师签名

任务 2　变频器的使用

子任务 1　变频器控制电动机正、反转

（1）任务目的：

1）了解变频器外部控制端子的功能，掌握外部运行模式下变频器的操作方法。

2）熟悉使用变频器外部端子控制电动机正、反转的操作方法。

3）认识变频器外部端子的不同功能及使用方法。

（2）实训设备：

1）YL-335A 型自动生产线。

2）S1、S2、S3 用实训台上的控制按钮代替，同时学习也可根据需要自备按钮开关。

（3）实训内容：

1）正确设置变频器输出的额定功率、额定电压、额定电流、额定频率、额定转速。

2）通过外部端子控制电动机启动/停止、正、反转，打开"S1"、"S3"电动机正转，打开"S2"电动机反转，关闭"S2"电动机正转；在正、反转的同时，关闭"S3"，电动机停止。

3）运用操作面板改变电动机运行频率和加、减速时间。

4）参数功能见表 5-10，接线图如图 5-27 所示。设定电动机参数时先设定 P0003 = 2（允许访问扩展参数）以及 P0010 = 1（快速调试），电动机参数设置完成后设定 P0010 = 0（准备）。

表 5-10　参数功能表

序号	变频器参数	出厂值	设定值	功 能 说 明
1	P0304	230	380	电动机的额定电压（380V）
2	P0305	3.25	0.35	电动机的额定电流（0.35A）
3	P0307	0.75	0.025	电动机的额定功率（25W）
4	P0310	50.00	50.00	电动机的额定频率（50Hz）
5	P0311	0	1300	电动机的额定转速（1300r/min）
6	P0700	2	2	选择命令源（由端子排输入）
7	P1000	2	1	用操作面板（BOP）控制频率的升降

续表 5-10

序号	变频器参数	出厂值	设定值	功 能 说 明
8	P1080	0	0	电动机的最小频率（0Hz）
9	P1082	50	50.00	电动机的最大频率（50Hz）
10	P1120	10	10	斜坡上升时间（10s）
11	P1121	10	10	斜坡下降时间（10s）
12	P0701	1	1	ON/OFF（接通正转/停车命令1）
13	P0702	12	12	反转
14	P0703	9	4	OFF3（停车命令3）按斜坡函数曲线快速降速停车

注：设置参数前先将变频器参数复位为工厂的默认设定值。

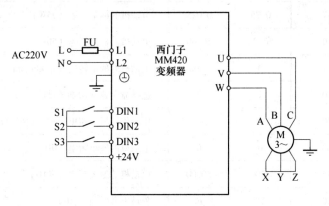

图 5-27　变频器外部接线图

（4）任务步骤：

1）检测实训设备中器材是否齐全。

2）按照变频器外部接线图完成变频器的接线，认真检查，确保正确无误。

3）打开电源开关，按照参数功能表正确设置变频器参数。

4）打开开关"S1"、"S3"，观察并记录电动机的运转情况。

5）按下操作面板按钮"▲"，增加变频器输出频率。

6）打开开关"S1"、"S2"、"S3"，观察并记录电动机的运转情况。

7）关闭开关"S3"，观察并记录电动机的运转情况。

8）改变 P1120、P1121 的值，重复 4）~7），观察电动机运转状态有什么变化。

子任务 2　基于 PLC 的变频器外部端子的电动机正、反转控制

（1）任务目的：了解 PLC 控制变频器外部端子的方法。

（2）实训设备：

1）YL-335A 型自动生产线。

2）S1、S2、S3 用实训台上的控制按钮代替，同时学习也可根据需要自备按钮开关。

3）PC 与 PLC 的通信电缆一根（PC/PPI）。

（3）控制要求：

1）正确设置变频器输出的额定功率、额定电压、额定电流、额定频率、额定转速。

2）通过外部端子控制电动机启动/停止、正、反转，按下按钮"S1"电动机正转启动，按下按钮"S3"电动机停止，待电动机停止运转，按下按钮"S2"，电动机反转。

3）运用操作面板改变电动机运行频率和加、减速时间。

参数功能表见表 5-11。接线图如图 5-28 所示。设定电动机参数时先设定 P0003 = 2（允许访问扩展参数）P0010 = 1（快速调试），电动机参数设置完成设定 P0010 = 0（准备）。

表 5-11　参数功能表

序号	变频器参数	出厂值	设定值	功 能 说 明
1	P0304	230	380	电动机的额定电压（380V）
2	P0305	3.25	0.35	电动机的额定电流（0.35A）
3	P0307	0.75	0.025	电动机的额定功率（25W）
4	P0310	50.00	50.00	电动机的额定频率（50Hz）
5	P0311	0	1300	电动机的额定转速（1300r/min）
6	P0700	2	2	选择命令源（由端子排输入）
7	P1000	2	1	用操作面板（BOP）控制频率的升降
8	P1080	0	0	电动机的最小频率（0Hz）
9	P1082	50	50.00	电动机的最大频率（50Hz）
10	P1120	10	10	斜坡上升时间（10s）
11	P1121	10	10	斜坡下降时间（10s）
12	P0701	1	1	ON/OFF（接通正转/停车命令 1）
13	P0702	12	12	反转
14	P0703	9	4	OFF3（停车命令 3）按斜坡函数曲线快速降速停车

注：设置参数前先将变频器参数复位为工厂的默认设定值。

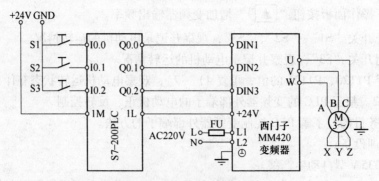

图 5-28　变频器的外部接线图

（4）任务步骤：

1）检测实训设备中器材是否齐全。

2）按照变频器外部接线图 5-28 完成变频器的接线，认真检查，确保正确无误。

3）打开电源开关，按照参数功能表正确设置变频器参数。

4）打开示例程序或用户自己编写的控制程序，进行编译，有错误时根据提示信息修改，直至无误，用 PC/PPI 通信编程电缆连接计算机串口与 PLC 通信口，打开 PLC 主机电源开关，下载程序至 PLC 中，下载完毕后将 PLC 的"RUN/STOP"开关拨至"RUN"状态。

5）按下按钮"S1"，观察并记录电动机的运转情况。

6）按下操作面板按钮"▲"，增加变频器输出频率。

7）按下按钮"S3"，等电动机停止运转后，按下按钮"S2"，电动机反转。

任务 3　分拣单元电气控制拆装与调试

子任务 1　电气控制线路的分析和拆装

（1）任务地点：校内自动化生产线实训室。

（2）任务对象：YL-335A 型自动生产线。

（3）任务分组：依据学生人数和自动生产线的数目进行分组，并选定组长。

（4）任务目的：

1）掌握电路的基础知识、注意事项和基本操作方法。

2）能正确使用常用接线工具。

3）能正确使用常用测量工具（如万用表）。

4）掌握电路布线技术。

5）能安装和维修各个电路。

6）掌握 PLC 外围直流控制及交流负载线路的接法及注意事项。

（5）实施步骤：

1）工艺流程。

① 根据原理图、气动原理图绘制接线图，可参考实训台上的接线；

② 按绘制好的接线图，研究走线方法，并进行板前明线、布线和套编码管；

③ 根据绘制好的接线图、完成实训台台面、网孔板的接线，经教师检查后，通电可进行下一步工作；

④ 参考图纸如图 5-29 所示。

2）分拣单元控制工艺要求：分拣单元与前述几个单元电气接线方法有所不同，该单元的变频器模块是按照在抽屉式模块放置架上的。因此，该单元 PLC 输出到变频器控制端子的控制线，须首先通过接线端口连接到实训台面上的接线端子排上，然后用安全导线插接到变频器模块上。同样，变频器的驱动输出线也须首先用安全导线插接到实训台面上的接线端子排插孔侧，再由接线端子排连接到三相交流电动机。

分拣单元需要完成在传送带上把不同颜色的工件从不同的滑槽分流的功能。为了使工件能被准确地推出，光纤传感器灵敏度的调整、变频器参数（运转频率、斜坡下降时间等）的设置以及软件编程中定时器设定值的设置等应相互配合。

子任务 2　分拣站程序设计

（1）任务地点：校内自动化生产线实训室。

（2）任务对象：

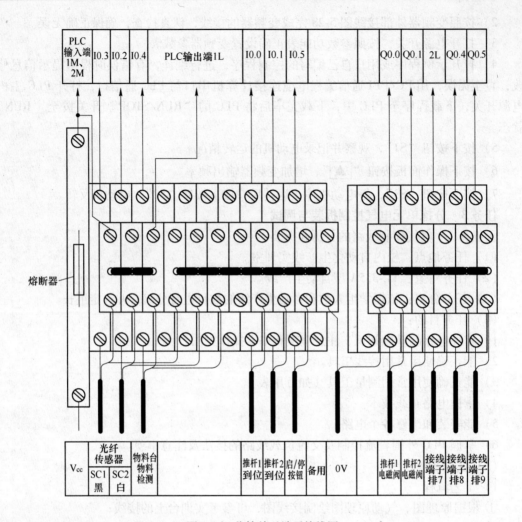

图 5-29　分拣单元端子接线图

1）YL-335A 型自动生产线。

2）安装有 Windows 操作系统的 PC 机一台（具有 STEP7 MICROWIN 软件）。

3）PLG（西门子 S7-200 系列）一台。

4）PC 与 PLC 的通信电缆一根（PC/PPI）。

（3）任务分组：依据学生人数和自动生产线的数目进行分组，并选定组长。

（4）分拣站程序设计：

1）工艺流程。作为独立设备被控制时，需要有工件。工件可通过人工方式放置黑白 2 种颜色的方法来解决，只要工件放置在工件导向件处即可。具体过程如下：

① 初始状态。设备上电和气源接通后，若工作单元的 2 个气缸满足初始位置要求，则"正常工作"，表示设备准备好。

② 若设备准备好，按下启动按钮，系统启动，当传送带入料口人工放下已装配的工件时，变频器即可启动，驱动传动电动机以频率为 30Hz 的速度，把工件带往分拣区。

③ 如果工件上的小圆柱工件为白色，则该工件对到达 1 号滑槽中间，传送带停止，

工件被推到 1 号槽中；如果工件上的小圆柱工件为黑色，则该工件对到达 2 号滑槽中间，传送带停止，工件被推到 2 号槽中。工件被推出滑槽后，该工作单元的一个工作周期结束。仅当工件被推出滑槽后，才能再次向传送带下料。

如果在运行期间按下停止按钮，该工作单元在本工作周期结束后停止工作。

要编写满足控制要求、满足安全要求的控制程序，首先要了解设备的基本结构；其次要了解清楚各个执行结构之间的准确动作关系，即了解清楚生产工艺；同时还要考虑安全、效率等因素；最后才是通过编程实现控制功能。单周期控制工艺流程如图 5-30 所示，自动循环控制程序如图 5-31 所示。

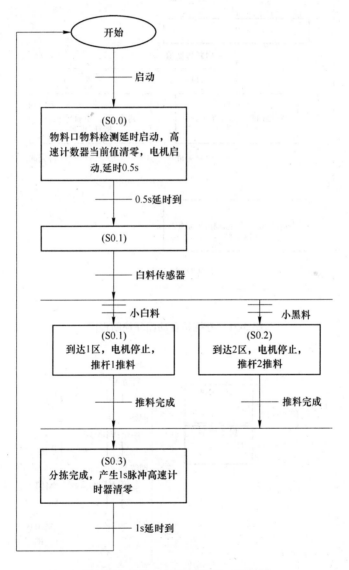

图 5-30　分拣站单周期控制工艺流程

2）分拣站程序。YL-335A 出厂例程中分拣单元程序清单如图 5-32 和图 5-33 所示，供读者在实训时参考。

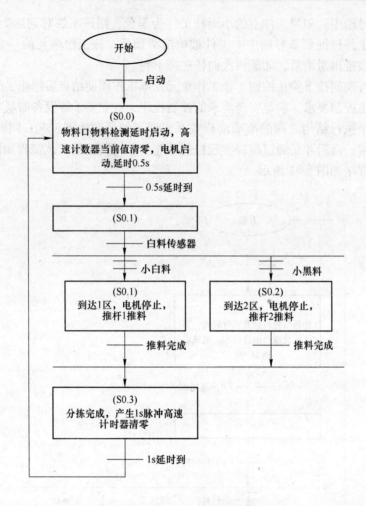

图 5-31　分拣站自动循环控制程序

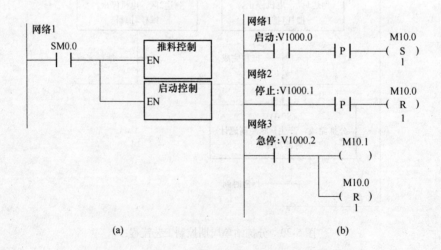

(a)　　　　　　　　　　　　　　(b)

图 5-32　分拣单元主程序及启动/停止子程序清单

(a) 主程序梯形图；(b) 启动/停止子程序梯形图

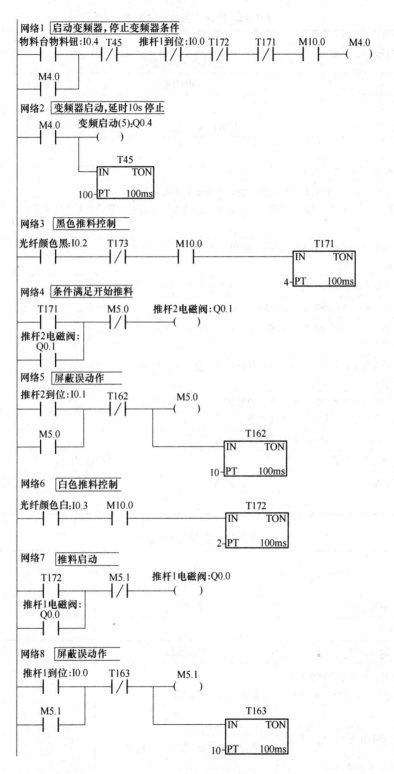

图 5-33 推料控制子程序

3) 分拣单元电气控制拆装任务书，见表 5-12 和表 5-13。

表 5-12　培训项目执行进度单

项目执行进度单		项目名称		项目执行人	编号
		分拣单元的拆装			
班级名称		开始时间		结束时间	总学时
班级人数					180min

项目执行进度

序号	内　　容	方　　式	时间分配
1	根据实际情况调整小组成员，布置实训任务	教师安排	5min
2	小组讨论、查找资料，根据生产线的工作站单元硬件连接图、软件控制电路原理图列出单元控制部分组成、各元件数量、型号等	学员为主，教师点评	10min
3	根据 I/O 分配及硬件连线图，对 PLC 的外部线路完成连接	学员为主，教师点评	10min
4	根据控制要求及 I/O 分配，对 PLC 进行编程	学员为主，教师指导	45min
5	检查硬件线路并对出现的故障进行排除	学员为主，互相检查	45min
6	画出程序流程图或顺序功能图并记录，以备调试程序时参考	学员为主，教师指导	20min
7	检查程序，并根据出现的问题调整程序，直到满足控制要求为止	学员为主，教师指导	15min
8	硬件及软件实训过程中，在教师指导下，解决碰到的问题，鼓励学生互相讨论，自己解决	学员为主，教师引导	10min
9	小组成员交叉检查并填写实习实训项目检查单	学员为主	10min
10	教师给学员评分	教师评定	10min
执行人签名		教师签名		专业组长签名	

表 5-13　培训项目检查单

项目名称		项目指导教师	编号
分拣单元的拆装			
班级名称	检查人	检查时间	检查评价
检查内容	检查要点	评　价	
参与查找资料，掌握生产线的工作站单元硬件连接图、I/O 分配原理图、程序流程图	能读懂图并且速度快		
列出单元 PLC I/O 分配、各元件数量、型号等	名称正确，和实际的一一对应		
工具摆放整齐	在操作中按照文明规范的要求		
万用表等工具的使用	识别各种工具，掌握正确使用方法		

检查内容	检查要点	评 价
传感器等控制部件的正确安装	熟悉和掌握安全操作常识，零元件安装后的正确放置、连线及测试方法	
装配所有元件后，通电联调	检查是否能正确动作，对出现的故障能否排除	
调试程序时的操作顺序	是否有程序流程图，调试是否有记录以及故障的排除	
调试成功	各工作站能分别正确完成工作，运行良好	
硬件及软件出现故障	排除故障的能力以及对待故障的态度	
与小组成员合作情况	能否与其他同学和睦相处，团结互助	
遵守纪律方面	按时上、下课，不中退	
地面、操作台干净	接线完毕后能清理现场的垃圾	
小组意见		
教师审核		
被检查人签名	教师评定	教师签名

任务 4　分拣单元的调试及故障排除

（1）任务地点：校内自动化生产线实训室。

（2）任务对象：YL-335A 型自动生产线。

（3）任务分组：依据学生人数和自动生产线的数目进行分组，并选定组长。

（4）任务目的：

1）掌握分拣单元的调试方法。

2）掌握分拣单元的故障诊断方法。

（5）实施步骤：

1）分拣单元手动测试。在手动工作模式下，需在分拣站侧首先把该站模式转换开关换到单站工作模式，然后用该站的启动和停止按钮操作，单步执行指定的测试项目（测试时传送带上工件用人工放下）。要从分拣单元手动测试切换到全线运行方式，须待分拣站传送带完全停止后有效。只有在前一项测试结束后，才能按下启动/停止按钮，进入下一项操作。推杆气缸活塞的运动速度通过节流阀进行调节。

2）测试分拣站的分拣工件过程。测试状况：

① 当输送站将送来工件放到传送带上并被放入料口，光电传感器检测到时，即可启动变频器，驱动三相减速电动机工作，传送带开始运转。

② 传送带把工件带入分拣区，由光纤传感器检测，如果工件为白色，在正对滑槽 1 中间位置准确停止，由推杆气缸 1 推到料槽中。如果工件为黑色，在正对滑槽 2 中间位置准确停止，由推杆气缸 2 推到料槽中。

③ 当分拣推料气缸活塞杆推出工件并返回到位后，并将分拣完成信号存入 PLC 模块

的数据存储区，等待主站读取。

如果输送站送来的工件送到入料口传送带不启动，其故障原因有：

① 入料口处工件检测传感器故障。

② 分拣站 PLC 模块不能发出正常信号启动变频器。

③ 三相减速电动机故障。

④ 传送带故障。

如果传送带停止位置不准确推杆气缸动作不正常，其故障原因有：

① 光纤传感器故障。

② 光纤传感器灵敏度设置不准确。

③ 变频器频率参数设置不准确。

④ 推杆气缸动作气路压力不足。

⑤ 节流阀的调节量过小，使气压不足。

⑥ 各气缸动作电磁阀故障。

⑦ 旋转编码器运行不正常。

如果不能准确按照颜色分拣及工件推入料槽后传送带不停止，其故障原因有：

① 光纤传感器故障。

② 光纤传感器灵敏度设置不准确。

3）检测分拣站工作完成后，输送单元的复位过程。测试状况：

① 分拣站分拣工作完成，并且输送站机械手装置回到原点，则系统完成一个工作周期。

② 如果在工作周期没有按下过停止按钮，系统在延时 1s 后开始下一周期工作。

③ 如果在工作周期曾经按下过停止按钮，则本工作周期结束后，系统不再启动，警示灯中黄色灯熄灭，绿色灯仍保持常亮。

注意事项：

① 只有分拣站分拣工作完成，并且输送站机械手装置回到原点，系统的一个工作周期才认为结束。如果在工作周期没有按下过停止按钮，系统在延时 1s 后开始下一周期工作。如果在工作周期曾经按下过停止按钮，系统工作结束，警示灯中黄色灯熄灭，绿色灯仍保持常亮。

② 为保证生产线的工作效率和工作精度，检测要求每一工作周期不超过 30s。

4）调试运行。在编写、传输、调试程序的过程中，能进一步了解掌握设备调试的方法、技巧及注意点，并根据表 5-14 填写自动运行模式下调试记录表。

表 5-14　调试运行记录表

观察项目 结果 操作步骤	光纤 1SC1 黑检	光纤 1SC1 白检	光电传 感器	电动机	气缸 1	气缸 2	气缸 1 磁 性开关	气缸 2 磁 性开关
按启动/停止按钮								
放置黑工件								
放置白工件								

观察项目 结果 操作步骤	光纤 1SC1 黑检	光纤 1SC1 白检	光电传 感器	电动机	气缸 1	气缸 2	气缸 1 磁 性开关	气缸 2 磁 性开关
按下急停按钮								
复位急停按钮								
再按启动								
停止按钮								

可用表 5-15 对分拣单元的安装与调试进行评分。

表 5-15　总评分表

评 分 表 学年		工 作 形 式 □个人　　□小组分工　　□小组	实际工作时间	
项目 训练	训练内容	训 练 要 求	学生 自评	教师 评分
分拣 单元	1. 工作计划与图纸 （20分） 工作计划 材料清单 气路图 电路图 程序清单	电路绘制有错误，每处扣 0.5 分；机械手装置运动的限位保护没有设置或绘制有错误，扣 1.5 分；主电路绘制有错误，每处扣 0.5 分；电路符号不规范，每处扣 0.5 分，最多扣 2 分		
	2. 部件安装与连接 （20分）	装配未能完成，扣 2.5 分；转配完成，但有紧固件松动现象，扣 1 分		
	3. 连接工艺（20分） 电路连接工艺 气路连接工艺 机械安装及装配工艺	端子连接，插针压接不牢或超过 2 根导线，每处扣 0.5 分，端子连接处没有线号，每处扣 0.5 分，两项最多扣 3 分；电路接线没有绑扎或电路线凌乱，扣 2 分；机械手装置运动的限位保护未接线或接线错误，扣 1.5 分；气路连接未完成或有错，每处扣 2 分；气路连接有漏气现象，每处扣 1 分，气缸节流阀调整不当，每处扣 1 分；气管没有绑扎或气路连接凌乱，扣 2 分		
	4. 测试与功能 （30分） 夹料功能 送料功能 整个装置全面检测	启动/停止方式不按控制要求，扣 1 分；运动测试不满足要求，每处扣 0.5 分；工件送料测试，但推出位置明显偏差，每处扣 0.5 分		
	5. 职业素养与安全 意识（10分）	现场操作安全保护符号安全操作规程；工具摆放、包装物品、导线线头等的处理符合职业岗位的要求；团队有分工、有合作，配合紧密；遵守纪律，尊重教师，爱惜设备和器材，保持工位的整洁		

【任务小结】

（1）通过训练，大家熟悉了分拣单元的结构，亲身实践、了解气动控制技术、传感器技术、PLC 控制技术的应用，并且在一个单元中将它们有机地融合在一起，体现了机电一体化控制技术的实现应用。

（2）掌握工程工作方法，并培养严谨的工作作风。

【思考与训练】

（1）如果滑块连续动作是什么原因？怎么办？

（2）认真执行培训项目执行进度记录，归纳分拣单元 PLC 控制调试中的故障原因及排除故障的思路。

（3）如何使用编码器定位完成精确分拣？如何使用编码器在触摸屏中反映变频电动机速度？

学习情境 6　输送单元的安装与调试

【学习目标】

（1）知识目标：

1）认知自动化生产线输送单元的基本结构。

2）掌握自动化生产线中的可编程序控制器的使用方法。

3）掌握输送单元机械拆装与调试方法。

4）掌握输送单元气动控制回路分析、连接方法。

5）掌握输送单元电气线路分析、连接方法。

6）掌握输送单元控制程序设计与调试方法。

（2）能力目标：

1）能动手安装输送单元，包括机械、气路、电路等各组成部分。

2）能编制输送单元的 PLC 控制程序并调试。

3）能诊断输送单元出现的各种故障，并解决故障。

（3）素养目标：

1）培养学生对本专业实际工作的兴趣和热爱。正所谓：兴趣是学习的最大动力。

2）训练学生自主学习、终身学习的意识和能力。正所谓：授人以鱼，不如授之以渔。

3）培养学生理论联系实际的严谨作风，建立用科学的手段去发现问题、分析问题、解决问题的一般思路。

4）培养学生刻苦钻研、勇于拼搏的精神和敢于承担责任的勇气。

5）促使学生建立正确的人生观、世界观，树立一个良好的职业心态，增强面对事业挫折的能力。

6）解放思想、启发思维，培养学生勇于创新的精神。

【任务引入】

产品在生产过程中，需在供料单元、加工单元、装配单元、分拣单元不停地移动，并精确定位，而这一切都是由输送单元完成，那么输送单元是如何实现物料的运输呢？

【任务描述】

输送单元是 YL-335A 系统中最为重要同时也是承担任务最为繁重的工作单元。该单元主要完成驱动它的抓取机械手装置精确定位到指定单元的物料台，在物料台上抓取工件，把抓取到的工件输送到指定地点然后放下的功能。同时，该单元在 PPI 网络系统中担任着主站的角色，它接收来自按钮/指示灯模块的系统主令信号，读取网络上各从站的状态信息，加以综合后，向各从站发送控制要求，协调整个系统的工作。输送单元的安装过程锻炼和培养学生的动手能力，加深其对各类机械部件的了解，掌握其机械的结构。

【知识准备】

6.1　电动机驱动技术认知

6.1.1　输送单元的步进电机及其驱动器

输送单元所选用的步进电机是 Kinco 三相步进电机 3S57Q-04056，与之配套的驱动器为 Kinco 3M458 三相步进电机驱动器。

（1）3S57Q-04056 部分技术参数见表 6-1。

表 6-1　3S57Q-04056 部分技术参数

参数名称	步距角/(°)	相电流/A	保持扭矩/N·m	阻尼扭矩/N·m	电机惯量/kg·cm²
参数值	1.8	5.8	1.0	0.04	0.3

3S57Q-04056 的三个相绕组必须连接成三角形，接线图如图 6-1 所示。

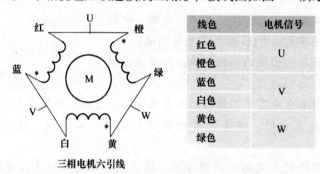

线色	电机信号
红色	U
橙色	U
蓝色	V
白色	V
黄色	W
绿色	W

三相电机六引线

图 6-1　3S57Q-04056 的接线图

（2）Kinco 3M458 三相步进电机驱动器主要电气参数如下：

供电电压：直流 24~40V

输出相电流：3.0~5.8A

控制信号输入电流：6~20mA

冷却方式：自然风冷

该驱动器具有如下特点：

1）采用交流伺服驱动原理，具备交流伺服运转特性，三相正弦电流输出。

2）内部驱动直流电压达 40V，能提供更好的高速性能。

3）具有电机静态锁紧状态下的自动半流功能，可大大降低电机的发热。

4）具有最高可达 10000 步/转的细分功能，细分可以通过拨动开关设定。

5）几乎无步进电机常见的共振和爬行区，输出相电流通过拨动开关设定。

6）控制信号的输入电路采用光耦隔离。

7）采用正弦的电流驱动，使电机的空载起跳频率达 5kHz（1000 步/转）左右。

在 3M458 驱动器的侧面连接端子中间有一个红色的八位 DIP 功能设定开关，可以用来设定驱动器的工作方式和工作参数。图 6-2 是该 DIP 开关功能说明。

DIP开关的正视图

开关序号	ON功能	OFF功能
DIP1~DIP3	细分设置用	细分设置用
DIP4	静态电流全流	静态电流半流
DIP5~DIP8	电流设置用	电流设置用

细分设定表如下：

DIP1	DIP2	DIP3	细分
ON	ON	ON	400步/转
ON	ON	OFF	500步/转
ON	OFF	ON	600步/转
ON	OFF	OFF	1000步/转
OFF	ON	ON	2000步/转
OFF	ON	OFF	4000步/转
OFF	OFF	ON	5000步/转
OFF	OFF	OFF	10000步/转

输出相电流设定表如下：

DIP5	DIP6	DIP7	DIP8	输出电流
OFF	OFF	OFF	OFF	3.0A
OFF	OFF	OFF	ON	4.0A
OFF	OFF	ON	ON	4.6A
OFF	ON	ON	ON	5.2A
ON	ON	ON	ON	5.8A

图 6-2　3M458 DIP 开关功能说明

驱动器的典型接线图如图 6-3 所示。YL-335A 中，控制信号输入端使用的是 DC24V 电压，所使用的限流电阻 R1 为 2kΩ。

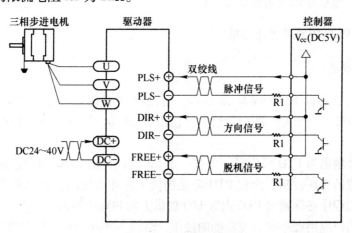

图 6-3　3M458 的典型接线图

图 6-3 中，驱动器还有一对脱机信号输入线 FREE+和 FREE－，当这一信号为 ON 时，驱动器将断开输入到步进电机的电源回路。YL-335A 没有使用这一信号，目的是使步进电机在上电后，即使静止时也保持自动半流的锁紧状态。

YL-335A 为 3M458 驱动器提供的外部直流电源为 DC24V，6A 输出的开关稳压电源，直流电源和驱动器一起安装在模块盒中，驱动器的引出线均通过安全插孔与其他设备连接。图 6-4 是 3M458 步进电机驱动器模块的面板图。

图 6-4　3M458 步进电机驱动器模块的面板

（3）步进电机传动组件的基本技术数据。3S57Q-04056 步进电机步距角为 1.8°，即在无细分的条件下 200 个脉冲电机转一圈（通过驱动器设置细分精度最高可以达到 10000 个脉冲电机转一圈）。

步进电机传动组件采用同步轮和同步带传动。同步轮齿距为 5mm，共 11 个齿，即旋转一周机械手装置位移 55mm。

YL335-A 系统中为达到控制精度，驱动器细分设置为 10000 步/转（即每步机械手位移 0.0055mm），电机驱动电流设为 5.2A。

6.1.2　S7-200 PLC 的脉冲输出功能

6.1.2.1　概述

S7-200 有两个内置 PTO/PWM 发生器，用以建立高速脉冲串（PTO）或脉宽调节（PWM）信号波形。一个发生器指定给数字输出点 Q0.0，另一个发生器指定给数字输出点 Q0.1。

当组态一个输出为 PTO 操作时，生成一个 50% 占空比脉冲串用于步进电机或伺服电机的速度和位置的开环控制。内置 PTO 功能提供了脉冲串输出，脉冲周期和数量可由用户控制。但应用程序必须通过 PLC 内置 I/O 提供方向和限位控制。

为了简化用户应用程序中位控功能的使用，STEP7-Micro/WIN 提供的位控向导可以帮助您在几分钟内全部完成 PWM，PTO 或位控模块的组态。向导可以生成位置指令，您可以用这些指令在您的应用程序中为速度和位置提供动态控制。

6.1.2.2　开环位控用于步进电机或伺服电机的基本信息

借助位控向导组态 PTO 输出时，需要用户提供一些基本信息，逐项介绍如下：

（1）最大速度（MAX_ SPEED）和启动/停止速度（SS_ SPEED）。图 6-5 是这两个概念的示意图。

MAX_ SPEED 是允许的操作速度的最大值，它应在电机力矩能力的范围内。驱动负载所需的力矩由摩擦力、惯性以及加速/减速时间决定。

SS_ SPEED 是该数值应满足电机在低速时驱动负载的能力。如果 SS_ SPEED 的数值过低，电机和负载在运动的开始和结束时可能会摇摆或颤动。如果 SS_ SPEED 的数值过高，电机会在启动时丢失脉冲，并且负载在试图停止时会使电机超速。通常，SS_ SPEED 值是 MAX_ SPEED 值的 5%~15%。

（2）加速和减速时间。加速时间 ACCEL_ TIME：电机从 SS_ SPEED 速度加速到 MAX_ SPEED 速度所需的时间。

减速时间 DECEL_ TIME：电机从 MAX_ SPEED 速度减速到 SS_ SPEED 速度所需要的时间。

加速时间和减速时间的缺省设置都是 1000ms。通常，电机可在小于 1000ms 的时间内工作，如图 6-6 所示。这两个值设定时要以毫秒为单位。

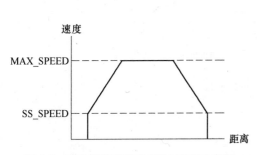

图 6-5　最大速度和启动/停止速度示意图

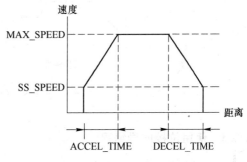

图 6-6　加速和减速时间

注意：电机的加速和失速时间要经过测试来确定。开始时，您应输入一个较大的值。逐渐减少这个时间值直至电机开始失速，从而优化您应用中的这些设置。

（3）移动包络。一个包络是一个预先定义的移动描述，它包括一个或多个速度，影响着从起点到终点的移动。一个包络由多段组成，每段包含一个达到目标速度的加速/减速过程和以目标速度匀速运行的一串固定数量的脉冲。

位控向导提供移动包络定义界面，在这里，您可以为您的应用程序定义每一个移动包络。PTO 支持最大 100 个包络。

定义一个包络，包括如下几点：选择操作模式；为包络的各步定义指标；为包络定义一个符号名。

1）选择包络的操作模式：PTO 支持相对位置和单一速度的连续转动，如图 6-7 所示。相对位置模式指的是运动的终点位置是从起点侧开始计算的脉冲数量。单速连续转动则不

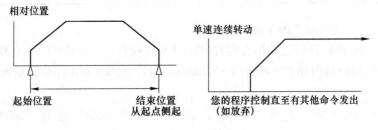

图 6-7　一个包络的操作模式

需要提供终点位置，PTO 一直持续输出脉冲，直至有其他命令发出，如到达原点要求停发脉冲。

2）包络中的步。一个步是工件运动的一个固定距离，包括加速和减速时间内的距离。PTO 每一包络最大允许 29 个步。

每一步包括目标速度和结束位置或脉冲数目等几个指标。图 6-8 所示为一步、两步、三步和四步包络。注意一步包络只有一个常速段，两步包络有两个常速段，依次类推。步的数目与包络中常速段的数目一致。

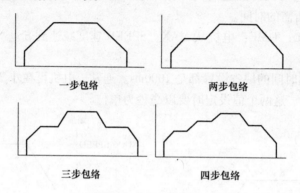

一步包络　　　　　　　　　　两步包络

三步包络　　　　　　　　　　四步包络

图 6-8　包络的步数示意

6.1.3　使用位控向导编程

STEP7 V4.0 软件的位控向导能自动处理 PTO 脉冲的单段管线和多段管线、脉宽调制、SM 位置配置和创建包络表。

本节将给出一个在 YL-335A 上实现的简单工作任务例子，阐述使用位控向导编程的方法和步骤。表 6-2 是 YL-335A 上实现步进电机运行所需的运动包络。

表 6-2　步进电机运行的运动包络

运动包络	站　点		脉冲量	移动方向
1	供料站→加工站	470mm	85600	
2	加工站→装配站	286mm	52000	
3	装配站→分解站	235mm	42700	
4	分拣站→高速回零前	925mm	168000	DIR
5	低速回零		单速返回	DIR

（1）使用位控向导编程的步骤如下：

1）为 S7-200 PLC 选择选项组态内置 PTO/PWM 操作。在 STEP7 V4.0 软件命令菜单中选择工具→位置控制向导并选择配置 S7-200PLC 内置 PTO/PWM 操作，如图 6-9～图 6-12 所示。

2）单击"下一步"选择"Q0.0"，再单击"下一步"选择"线性脉冲输出（PTO）"。

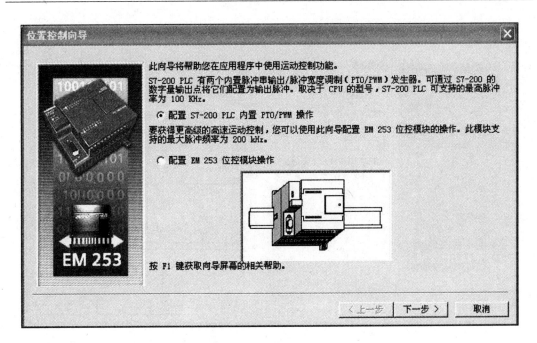

图 6-9 位控向导启动界面

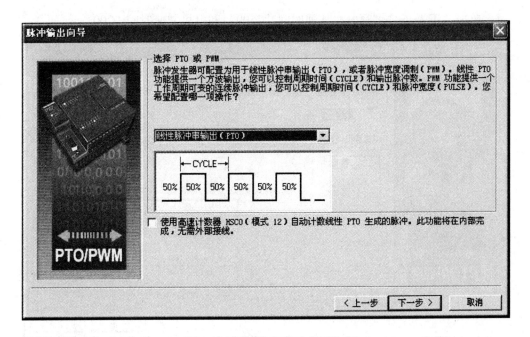

图 6-10 选择 PTO 或 PWM 界面

3）单击"下一步"后，在对应的编辑框中输入 MAX_ SPEED 和 SS_ SPEED 速度值。

输入最高电机速度"90000"，把电机启动/停止速度设定为"600"。这时，如果单击 MIN_ SPEED 值对应的灰色框，可以发现 MIN_ SPEED 值改为 600。注意：MIN_ SPEED 值由计算得出，用户不能在此域中输入其他数值。

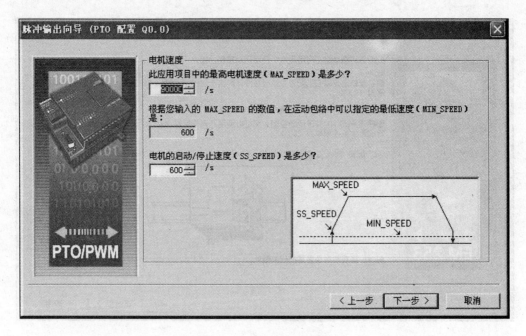

图 6-11　设定电机速度参数

4）单击"下一步"填写电机加速时间"1500"和电机减速时间"200"。

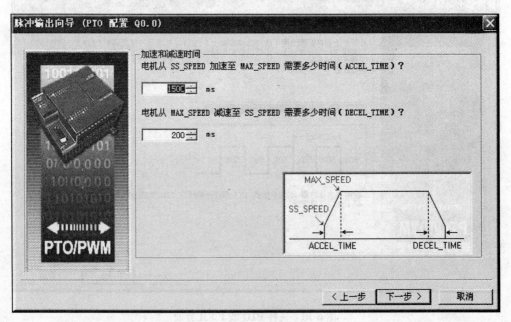

图 6-12　设定加速和减速时间

5）接下来一步是配置运动包络界面，如图 6-13 所示。

该界面要求设定操作模式、1 个步的目标速度、结束位置等步的指标，以及定义这一包络的符号名（从第 0 个包络第 0 步开始）。

在操作模式选项中选择相对位置控制，填写包络"0"中数据目标速度"60000"，结

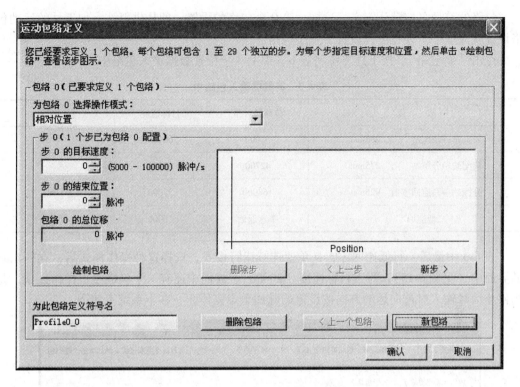

图 6-13　配置运动包络界面

束位置"85600"，点击"绘制包络"，如图 6-14 所示。注意，这个包络只有 1 步。

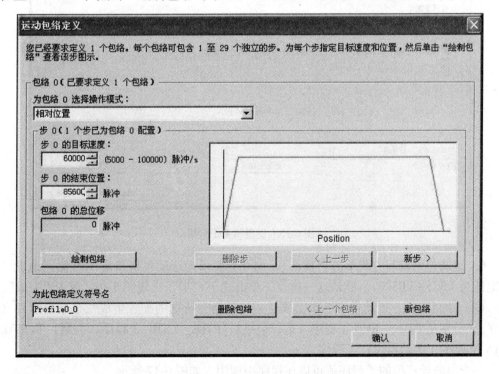

图 6-14　设置第 0 个包络

包络的符号名按默认定义。这样，第 0 个包络的设置，即从供料站→加工站的运动包络设置就完成了。现在可以设置下一个包络。

点击"新包络"，按上述方法将表 6-3 中上 3 个位置数据输入包络中去。

表 6-3　将数据输入包络中

站　点		位移脉冲量	目标速度	移动方向
加工站→装配站	286mm	52000	60000	
装配站→分解站	235mm	42700	60000	
分拣站→高速回零前	925mm	168000	57000	DIR
低速回零		单速返回	20000	DIR

表 6-3 中最后一行低速回零，是单速连续运行模式，选择这种操作模式后，在所出现的界面中（见图 6-15），写入目标速度"20000"。界面中还有一个包络停止操作选项，是当停止信号输入时再向运动方向按设定的脉冲数走完停止，在本系统不使用。

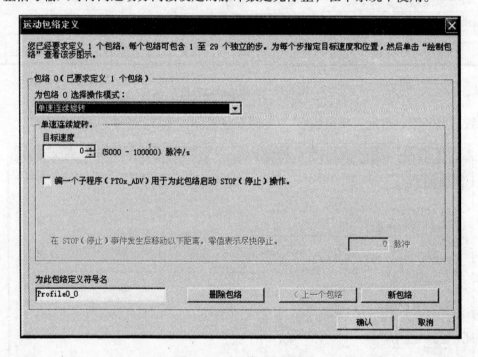

图 6-15　设置第 4 个包络

6）运动包络编写完成单击"确认"，向导会要求为运动包络指定 V 存储区地址（建议地址为 VB75～VB300），默认这一建议，单击"下一步"出现图 6-16，单击"完成"。

（2）项目组件。运动包络组态完成后，向导会为所选的配置生成三个项目组件（子程序），分别是 PTOx_ RUN 子程序（运行包络）、PTOx_ CTRL 子程序（控制）和 PTOx_ MAN 子程序（手动模式）子程序。

一个由向导产生的子程序就可以在程序中调用，如图 6-17 所示。

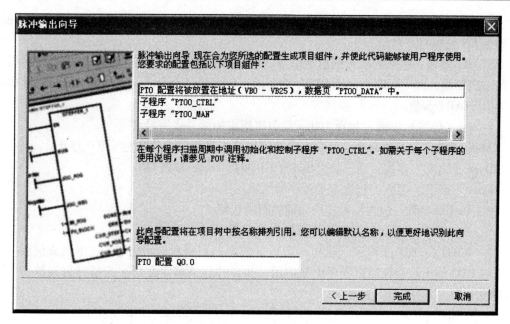

图 6-16　脉冲输出向导

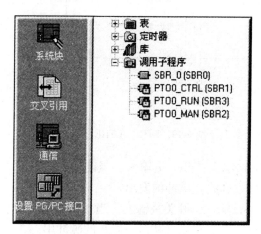

图 6-17　向导产生的子程序

它们的功能分述如下：

1）PTOx_ RUN 子程序（见图 6-18）：命令 PLC 执行存储于配置/包络表的特定包络中的运动操作。

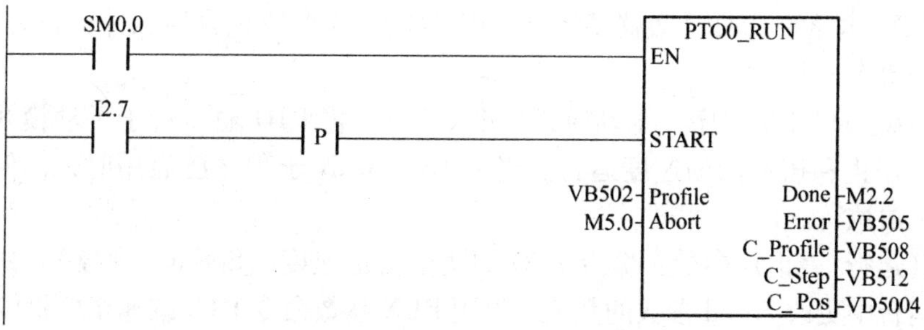

图 6-18　PTOx_ RUN 子程序

EN 位：启用此子程序的使能位。在"完成"位发出子程序执行已经完成的信号前，请确定 EN 位保持开启。

START 参数：包络的执行的启动信号。对于在 START 参数已开启且 PTO 当前不活动时的每次扫描，此子程序会激活 PTO。为了确保仅发送一个命令，请使用上升缘以脉冲方式开启 START 参数。

Profile（包络）参数：包含为此运动包络指定的编号或符号名。

Abort（终止）参数命令，开启时位控模块停止当前包络并减速至电机停止。

Done（完成）参数：当模块完成本子程序时，Done 参数 ON。

Error（错误）参数：包含本子程序的结果。

C_ Profile 参数：包含位控模块当前执行的包络。

C_ Step 参数：包含目前正在执行的包络步骤。

2）PTOx_ CTRL 子程序（见图 6-19）：（控制）启用和初始化与步进电机或伺服电机合用的 PTO 输出。请在用户程序中只使用一次，并且请确定在每次扫描时得到执行。即始终使用 SM0.0 作为 EN 的输入。

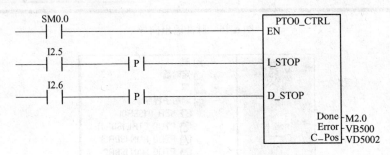

图 6-19　PTOx_ CTRL 子程序

I_ STOP（立即停止）输入：开关量输入。当此输入为低时，PTO 功能会正常工作。当此输入变为高时，PTO 立即终止脉冲的发出。

D_ STOP（减速停止）输入：开关量输入。当此输入为低时，PTO 功能会正常工作。当此输入变为高时，PTO 会产生将电机减速至停止的脉冲串。

"完成"输出：开关量输出。当"完成"位被设置为高时，它表明上一个指令也已执行。

Error（错误）参数：包含本子程序的结果。当"完成"位为高时，错误字节会报告无错误或有错误代码的正常完成。

如果 PTO 向导的 HSC 计数器功能已启用，C_ Pos 参数包含用脉冲数目表示的模块；否则此数值始终为零。

3）PTOx_ MAN 子程序（手动模式见图 6-20）：将 PTO 输出置于手动模式。这允许电机启动、停止和按不同的速度运行。当 PTOx_ MAN 子程序已启用时，任何其他 PTO 子程序都无法执行。

RUN（运行/停止）参数：命令 PTO 加速至指定速度（Speed（速度）参数）。您可以在电机运行中更改 Speed 参数的数值。停用 RUN 参数命令 PTO 减速至电机停止。

当 RUN 已启用时，Speed 参数确定速度。速度是一个用每秒脉冲数计算的 DINT

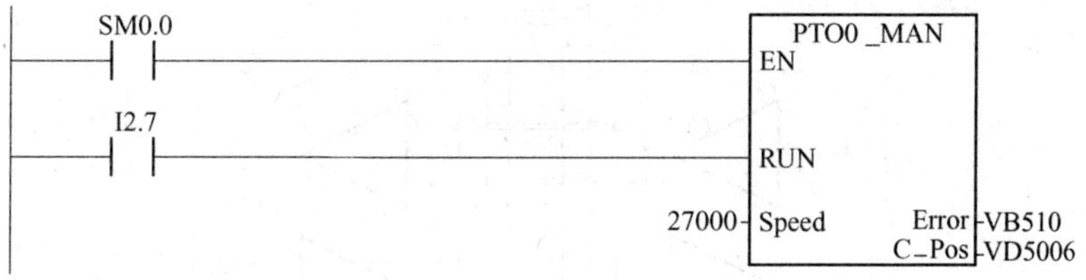

图 6-20 PTOx_ MAN 子程序

（双整数）值。您可以在电机运行中更改此参数。

Error（错误）参数包含本子程序的结果。

如果 PTO 向导的 HSC 计数器功能已启用，C_ Pos 参数包含用脉冲数目表示的模块；否则此数值始终为零。

6.2 通信技术在自动化生产线中的使用

现代的自动化生产线中，不同的工作站控制设备并非是独立运行，就像 YL-335A 中的 5 个站是通过通信手段，相互之间进行交换信息，形成一个整体，从而提高了设备的控制能力、可靠性，实现了"集中处理、分散控制"。

作为自动控制设备的重要一员，PLC 也为我们提供了强大的通信能力，通过 PLC 的通信接口，能够使 PLC 和 PLC 交换数据。本次任务就是学习如何使用 PLC 的 PPI 通信技术。

6.2.1 认知 PPI 通信

6.2.1.1 通信基本知识

通信技术的作用就是实现不同的设备之间进行交换数据，PPI（point to point）是点对点的串行通信，串行通信是指每次只传送 1 位二进制数。因而其传输的速度较慢，但是其接线少，可以长距离传输数据。PLC-200 自带了串行通信接口。

6.2.1.2 通信协议

为了实现任何设备之间通信，通信双方必须对通信的方式和方法进行约定，否则双方无法接收和发数据。接口的标准可以从两个方面进行理解：一是硬件方面，也就是规定了硬件接线的个数、信号电平的表示及通信接头的形状等；二是软件方面，也就是双方如何理解收或发数据的含义，如何要求对方传出数据等，一般把它称为通信协议。

S7-200 系列 PLC 自带通信端口为西门子规定的 PPI 通信协议，而硬件接口为 RS-485 通信接口。

RS-485 只有一对平衡差分信号线用于发送和接收数据，为半双工通信方式。

使用 RS-485 通信接口和连接线路可以组成串行通信网络，实现分布式控制系统。网络中最多可以由 32 个子站（PLC）组成。为提高网络的抗干扰能力，在网络的两端要并联两个电阻，值一般为 120Ω，其组网接线如图 6-21 所示。

RS-485 的通信距离可以达 1200m。在 RS-485 通信网络中，为了区别每个设备，每个

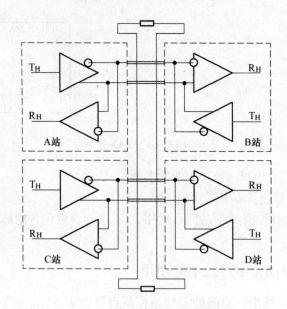

图 6-21　RS-485 组网接线示意图

设备都有一个编号，称为地址。地址必须是唯一，否则会引起通信混乱。

6.2.1.3　通信参数

对于串行通信方式，在通信时双方必须约定好线路上通信数据的格式，否则接收方无法接收数据。同时，为提高传输数据的准确性，还应该设定检验位，当传输的数据出错时，可以指示错误。通信格式设置的主要参数有：

（1）波特率。由于是以位为单位进行传输数据，所以必须规定每位传输的时间，一般用每秒传输多少位来表示。常用的有 1200kbit/s、2400kbit/s、4800kbit/s、9600kbit/s、19200kbit/s。

（2）起始位个数。开始传输数据的位，称为起始位，在通信之前双方必须确定起始位的个数，以便协调一致。起始位数一般为 1 个。

（3）数据位数。一次传输数据的位数。当每次传输数据时，为提高数据传输的效率，一次不仅仅传输 1 位，而是传输多位，一般为 8 位，正好 1 个字节。常见的还有 7 位，用于传输 ASCII 码。

（4）检验位。为了提高传输的可靠性，一般要设定检验位，以指示在传输过程中是否出错，一般单独占用 1 位。常用的检验方式有偶检验、奇检验。当然也可以不用检验位。

偶检验规定传输的数据和检验位"1"（二进制）的个数必须是偶数，当个数不是偶数时，说明数据传输出错。

奇检验规定传输的数据和检验位"1"（二进制）的个数必须是奇数，当个数不是奇数时，说明数据传输出错。

（5）停止位。当一次数据位数传输完毕后，必须发出传输完成的信号，即停止位。停止位一般有 1 位、1.5 位和 2 位的形式。

（6）站号。在通信网络中，为了标示不同的站，必须给每个站一个唯一的表示符，称为站号。站号也可以称为地址。同一个网络中所有的站的站号不能相同，否则会出现通信混乱。

6.2.1.4 S7-200 通信协议介绍

S7-200 的接口定义见表 6-4。S7-200 在通信时连接 RS-485 信号 B 和 RS-485 信号 A，多个 PLC 可以组成网络。

表 6-4 S7-200 通信接口定义

针	端口 O/I
1	逻辑地
2	逻辑地
3	RS-485 信号
4	RTS（TTL）
5	逻辑地
6	+5V，100Ω 串联电阻
7	+24V
8	RS-485 信号 A
9	10-位，协议选择（输入）
连接器外壳	机壳接地

S7-200 的通信接口为 RS-485，通信协议可以使用 PLC 自带标准的 PPI 协议或 Modbus 协议。也可以通过 S7-200 的通信指令使用自定义的通信协议进行数据通信。

在使用 PPI 协议进行通信时，只能有一台 PLC 或其他设备作为通信发起方，我们称为主站，其他的 PLC 或设备只能被动地传输或接收数据，称为从站。网络中的设备不能同时发数据，这样做会引起网络通信错误。

PPI 通信协议格式在此不做介绍。只给出其通信参数：8 位数据位、1 位偶检验、1 位停止位、1 位起始位，通信速率和站地址根据实际情况可以更改。

设置 S7-200 PPI 通信参数。

S7-200 的默认通信参数为：地址是 2，波特率为 9600 kbit/s，8 位数据位、1 位偶检验、1 位停止位、1 位起始位。

其地址和波特率可以根据实际情况进行更改，其他的数据格式是不能更改的。要设置 PLC 的通信参数，选择"系统块"的"通信端口"命令，出现如下提示窗口后设置地址和波特率，如图 6-22 所示。

参数设置完成后必须数据下载到 PLC，在下载时选中"系统块"选项，否则设置的参数在 PLC 中没有生效，如图 6-23 所示。

6.2.2 网络读/写命令的使用

PLC 的网络读/写命令可实现多个 PLC 之间进行通信。

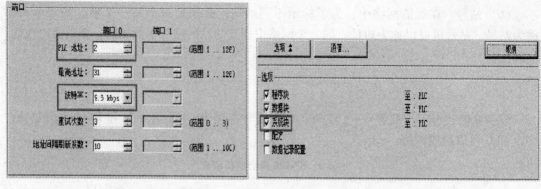

图 6-22　PLC 地址和波特率设置　　　　图 6-23　通信数据下载

网络读 NETR 指令可从远程站最多读取 16 字节信息，网络写 NETW 指令可向远程站最多写入 16 字节信息。可在程序中使用任意数目的 NETR/NETW 指令，但在任何时间最多只能有 8 条 NETR 和 NETW 指令同时被激活。

使用网络读/写命令前，确认 PLC 之间的通信线路必须相连畅通，PLC 之间的通信波特率一致，而地址则不相同。指令使用的通信协议为 PLC 自带的 PPI 协议，在使多个 PLC 之间进行通信时，必须保证网络中同一时刻只有一个 PLC 在发数据，否则会出现通信数据的混乱。

6.2.2.1　网络读命令

网络读命令如图 6-24 所示。当 EN 为 ON 时，执行网络通信命令，从其他 PLC 连续的存储单元中读取数据，但是最多只能读 16 个字节的数据。

PORT 指定通信端口，如果只有一个通信端口，此值必须为 0。有两个通信端口时，此值可以是 0 或 1，分别对应两个通信端口。

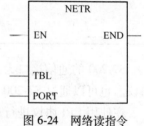

图 6-24　网络读指令

NETR/NETW 表格 TBL 表的定义见表 6-5 和表 6-6。

表 6-5　TBL 表定义格式

地址偏移	表　头				
0	D	A	E	0	错误代码
1	对方 PLC 地址				
2	指针指向对方 PLC 数据单元的地址				
3	占用 4 个字节				
4					
5	可以指向对方的 Q/I/M/V				
6	数据长度				
7	接收或写入的第 1 个数据				
⋮	⋮				
22	接收或写入的第 16 个数据				

表 6-6 错误代码说明

0	无错
1	接收错误；远程站不应答
2	接收错误；应答中存在校验、帧或校验和错误
3	脱机错误；重复站址或故障硬件引起的冲突
4	队列溢出错误；8 个以上 NETR/NETW 命令被激活
5	违反协议，未启用 SMB30 中的 PPI+即尝试执行 NETR/NETW
6	非法参数；NETR/NETW 表格包含一个非法或无效数值
7	无资源；远程站繁忙（正在上载或下载序列）
8	第 7 层错误；违反应用程序协议
9	信息错误；数据地址错误或数据长度不正确

D：完成（功能完成）　　0=未完成　　1=完成

A：现用（功能入队）　　0=非现用　　1=现用

E：错误　　　　　　　　0=无错　　　1=错误

6.2.2.2 网络写指令

网络写指令如图 6-24 所示。当 EN 为 ON 时，执行网络通信命令，把数据写到其他 PLC 连续的存储单元中，但是最多只能写 16 个字节的数据。

PORT 指定通信端口，如果只有一个通信端口，此值必须为 0。有两个通信端口时，此值可以是 0 或 1，分别对应两个通信端口。

为表达方便，把地址为 2 的 PLC 称为主站，而把地址为 10 的 PLC 称为从站。

根据前面掌握的知识，我们首先必须设置两台 PLC 的通信参数，同时为保证编程软件的正常使用，其相应的通信参数也必须进行设置。

本任务中，从站的 PLC 没有任何程序，只要设置好通信参数即可。主站中则要用网络读命令读从站的 PLC 的输入，然后用读到的数据控制主站的输出。

PPI 通信中主站 PLC 程序中，必须在上电第一个扫描周期，用特殊存储器 SMB30 指定其从站属性，从而使能其主站模式。在 PPI 模式下，控制字节的 2～7 位是忽略掉的。即 SMB30=00000010，定义 PPI 主站。SMB30 中协议选择默认值是 00=PPI 从站，因此从站侧不需要初始化。

在执行网络读命令之前，设置好 TBL 表。假定表的首地址为 VB200，因而表的设置参数见表 6-7。

表 6-7 本任务中使用的 TBL 表

VB200	D	A	E	O	错误代码
VB201	从站地址：10				
VB202	指针指向对方 PLC 数据单元的地址				
VB203	占用 4 字节				
VB204					
VB205	此处是 IB0 的地址　（&IB0）				
VB206	读数据长度：1				
VB207	接收第一个数据				

表 6-7 中数据的赋值可以采用数据传输指令完成，程序片段如图 6-25 所示。

SM0.1
MOV_B
EN ENO
10 IN OUT VB201
MOV_DW
EN ENO
&IB0 IN OUT VD202
MOV_B
EN ENO
1 IN OUT VB206
NETR
EN ENO
VB200 TBL
0 PORT

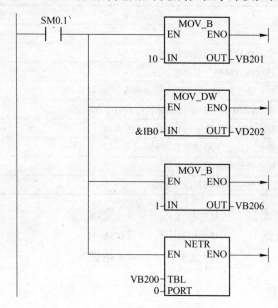

图 6-25　TBL 表初始化和通信程序

当命令执行后，成功读到数据时，其 V200. 7 为 ON，V200. 5 为 OFF，此时 VB207 就是正确的数据，可以用此数据直接控制主站的输出。程序片断如图 6-26 所示。

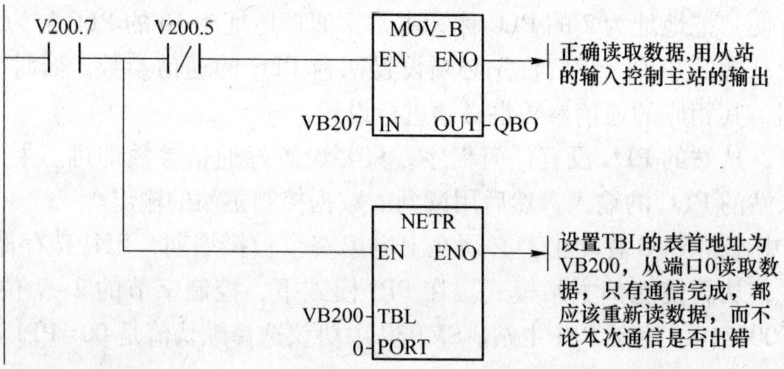

V200.7
V200.5
MOV_B
EN ENO
正确读取数据,用从站
的输入控制主站的输出
VB207 IN OUT QBO
NETR
EN ENO
设置TBL的表首地址为
VB200，从端口0读取数
据，只有通信完成，都
应该重新读数据，而不
论本次通信是否出错
VB200 TBL
0 PORT

图 6-26　控制和通信程序

根据上面的解释，读者可以编写完整的程序。当把程序下载到主站 PLC 以后，连接 PPI 电缆，然后上电运行程序，以检验程序是否正确。

6. 2. 3　网络读/写命令向导的使用

网络读/写命令除了自己编写程序外，还可以利用 SETP7-Micro/Win 提供的向导功能，由向导编写好程序，我们只要直接使用其程序。

以上面的任务为例，讲解如何利用向导完成任务。

（1）解决方法。假定规定主站中有程序，而从站中无程序。所以主站的程序不仅要读取从站的输入，同时还要把主站的输入写到从站的输出中。

（2）解决步骤。首先，必须设置好从站和主站的通信参数，其设置方法和前面一样，在此不再重复。现在利用向导直接产生程序。

1）单击"向导"中的"NETR/NETW"命令，弹出如图6-27所示的对话框。

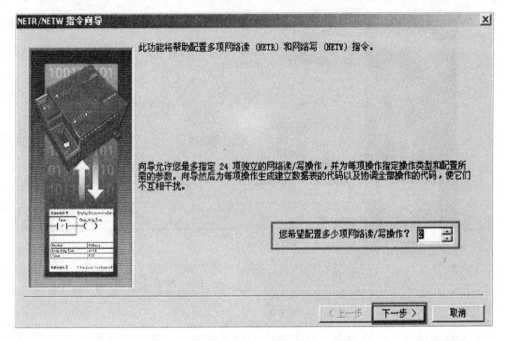

图6-27　网络读/写命令向导对话框1

2）因为程序中有读和写两个操作，所以网络读/写操作的项数值为2。设置好后，单击"下一步"按钮，弹出如图6-28所示的对话框。

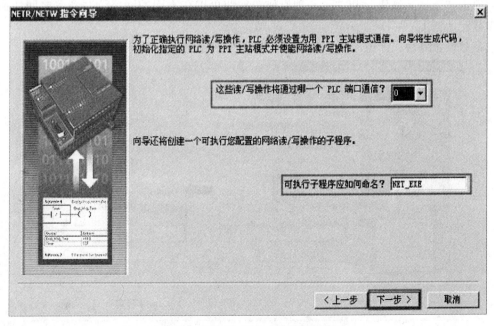

图6-28　网络读/写命令向导对话框2

3）设定使用的通信口，此处为通信口 0，因为向导会自动生成子程序，所以必须给子程序设定一个名称。名称设定后单击"下一步"按钮，弹出如图 6-29 所示的对话框。

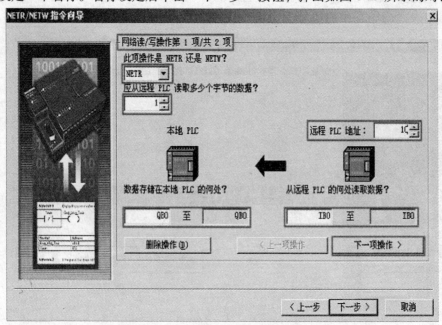

图 6-29　网络读/写命令向导对话框 3

4）要配置读和写网络命令，假定先配置网络读命令，此时按照图 6-29 所示设定好参数。

单击"删除操作"按钮可以删除当前的操作项，同时也会把网络读写命令减少一个，即网络读写命令向导对话框 1 中设定的参数要减一。

单击"下一项操作"和"上一项操作"按钮可以在不同的网络读写命令之间切换设置参数对话框 1。

参数设置好后，单击"下一项操作"按钮，弹出如图 6-30 所示的对话框。

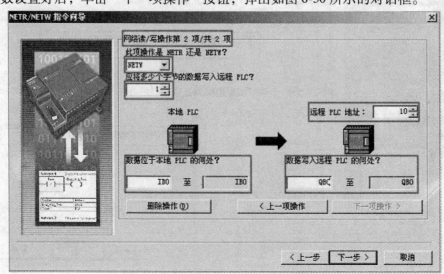

图 6-30　网络读/写命令向导对话框 4

5) 在此项操作中，要选择网络写命令，按图 6-30 所示设置好参数。其参数的含义对话框中的文字表达得清楚，在此不做过多的描述。单击"下一步"按钮，弹出如图 6-31 所示的对话框。

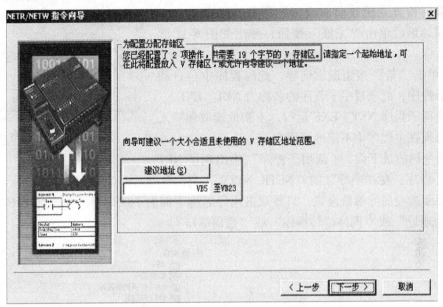

图 6-31 网络读/写命令向导对话框 5

6) 生成的子程序要使用一定数量的、连续的存储区，本项目中提示要用 19 个字节的存储区，向导只要求设定连续存储区的起始位置即可，但是一定要注意，存储区必须是其他程序中没有使用的，否则程序无法正常运行。设定好存储区起始位置后，单击"下一步"按钮，弹出如图 6-32 所示的对话框。

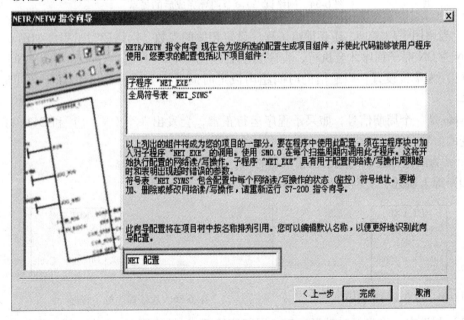

图 6-32 网络读/写命令向导对话框 6

7）在此对话框中，我们可以为此向导单独起一个名称，以便和其他的网络读写命令向导区分开。如果要监视此子程序读写网络命令执行的情况，请记住"全局符号表"的名称。

如果要检查或更改前面设置的参数，单击"上一步"按钮，最后单击"完成"按钮，弹出如图 6-33 所示的对话框。

图 6-33　网络读/写命令
向导对话框 7

8）单击"是"按钮退出向导，此时程序中会自动产生一个程序，此项目中子程序的名称为 NET_ EXE。

要使得子程序 NET_ EXE 运行，不断地读取和写入数据，必须在主程序中不停地调用它。

在指令树的最下面，"调用子程序"中出现了 NET_ EXE 子程序，在"向导"的"NETR/NETW"中也会出现相应的提示。

如果要改变向导参数设置，只要双击向导名称下面的子项即可，弹出如图 6-34 所示的"起始地址"或"网络读写操作"或"通信端口"。

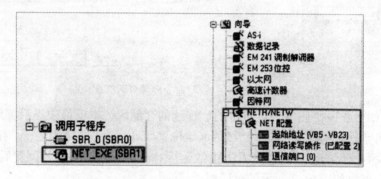

图 6-34　网络读/写命令向导完成后的提示

9）当调用子程序时，还必须给子程序设定相关的参数。网络读写子程序如图 6-35 所示，EN 为 ON 时子程序才会执行，程序要求必须用 SM0.0 控制。Timeout 用于时间控制，以秒（s）为单位设置，当通信的时间超出设定时间时，会给出通信错误信号，即 Error 为 ON。

Cycle 是一个周期信号，如果子程序运行正常，会发出一个 ON（1）和 OFF（0）之间跳变的信号。

Error 为出错标志，当通信出错或超时时，此信号为 ON（1）。

10）综上所述，主程序如图 6-36 所示。

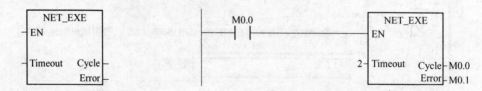

图 6-35　网络读写子程序　　　　图 6-36　通信程序的主程序

11）程序中，设定超时时间为 2s，周期信号 Cycle 输出到 M0.0 中，错误标志 Error 保存在 M0.1 中。

如果要监视通信程序运行的情况，可以打开"符号表"中的"NET_ SYMS"子表，找到通信程序用到的各种标志的地址，监视它就可以了，如图 6-37 所示。

			符号	地址	注释
1			Timeout_Err	V5.3	0=无超时错误，1=超时错误
2			NETW2_Status	VB16	操作 2 的状态字节：NETW.
3			NETR1_Status	VB8	操作 1 的状态字节：NETR.

图 6-37　通信程序的符号表

6.3　人机界面及组态技术在自动化生产线中的使用

PLC 具有很强的功能，能够完成各种控制任务。但是同时也注意到这样一个问题：PLC 无法显示数据，没有漂亮的界面，不能像计算机控制系统一样，能够以图形方式显示数据，操作设备也很简单方便。

借助智能终端设备，即人机界面（human-machine interface），通过人机界面设备提供的组态软件，能够很方便地设计出用户所要求的界面，也可以直接在人机界面设备上操作设备。

人机界面设备提供了人机交换的方式，就像一面窗口，是操作人员与 PLC 之间进行对话的接口设备。人机界面设备以图形形式显示所连接 PLC 的状态、当前过程数据以及故障信息。用户可使用 HMI 设备方便地操作和观测正在监控的设备或系统，工业触摸屏已经成为现代工业控制系统中不可缺少的人机界面设备之一。图 6-38 所示为一些工业触摸屏。

图 6-38　触摸屏

YL-335A 采用了昆仑通态研发的人机界面 TPC7062K。

在 YL-335A 自动生产线中，通过触摸屏这个窗口，我们可以观察、掌握和控制自动化生产线以及 PLC 的工作状况，如图 6-39 所示。

6.3.1　认知人机界面 TPC7062K 和 MCGS 嵌入版工控组态软件

TPC7062K 是一套以嵌入式低功耗 CPU 为核心的高性能嵌入式一体化工控机。该产品设计采用了 7 英寸高亮度 TFT 液晶显示屏（分辨率 800×800），四线电阻式触摸屏（分辨

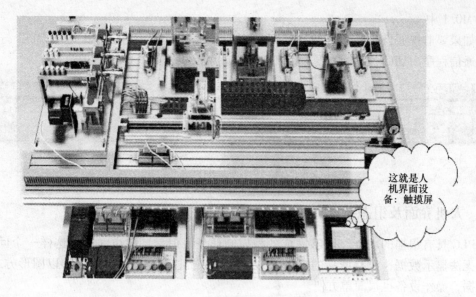

图 6-39　YL-335A 自动生产线

率 4096×4096)，同时还预装了微软嵌入式实时多任务操作系统 WinCE. NET（中文版）和 MCGS 嵌入式组态软件。

MCGS 嵌入版组态软件是昆仑通态公司专门开发用于 mcgsTPC 系列人机界面设备的组态软件，主要完成现场数据的采集与监测、前端数据的处理与控制。

6. 3. 1. 1　TPC7062K 的简单使用

图 6-40 所示为 mcgsTPC7062K 的正视和背视图。

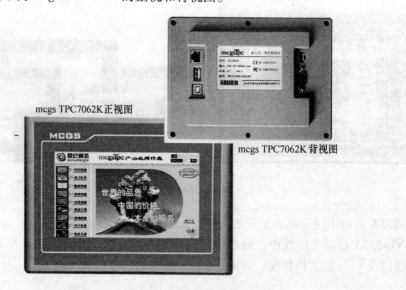

图 6-40　mcgsTPC7062K 的正视和背视图

TPC7062K 人机界面的电源进线、各种通信接口均在其背面。

（1）接口说明：TPC7062K 背板图如图 6-41 所示。

（2）串口引脚定义：串口引脚图如图6-41所示。

（3）电源插头示意图及引脚定义：电源插头示意图如图6-41所示。

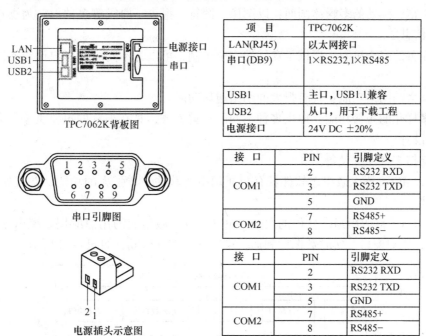

项　目	TPC7062K
LAN(RJ45)	以太网接口
串口(DB9)	1×RS232,1×RS485
USB1	主口，USB1.1兼容
USB2	从口，用于下载工程
电源接口	24V DC ±20%

接　口	PIN	引脚定义
COM1	2	RS232 RXD
	3	RS232 TXD
	5	GND
COM2	7	RS485+
	8	RS485−

接　口	PIN	引脚定义
COM1	2	RS232 RXD
	3	RS232 TXD
	5	GND
COM2	7	RS485+
	8	RS485−

图6-41　TPC7062K背板图、串口引脚定义、电源插头示意图及引脚定义

（4）TPC7062K启动。使用24V直流电源给TPC7062K供电，开机启动后屏幕出现"正在启动"提示进度条，此时不需要任何操作系统将自动进入过程运行界面，如图6-42所示。

图6-42　TPC7062K启动及运行界面

6.3.1.2　认知MCGS嵌入版组态软件

MCGS嵌入版组态软件与其他相关的硬件设备结合，可以快速、方便地开发各种用于现场采集、数据处理和控制的设备，如可以灵活组态各种智能仪表、数据采集模块、无纸记录仪、无人值守的现场采集站、人机界面等专用设备。

（1）MCGS嵌入版组态软件的主要功能：

1）简单灵活的可视化操作界面：采用全中文、可视化的开发界面，符合中国人的使用习惯和要求。

2）实用性强、有良好的并行处理能力：是真正的 32 位系统，以线程为单位对任务进行分时并行处理。

3）丰富、生动的多媒体画面：以图像、图符、报表、曲线等多种形式为操作员及时提供相关信息。

4）完善的安全机制：提供了良好的安全机制，可以为不同级别用户设定不同的操作权限。

5）强大的网络功能：具有强大的网络通信功能。

6）多样化的报警功能：提供多种不同的报警方式，具有丰富的报警类型，方便用户进行报警设置。

7）支持多种硬件设备。

总之，MCGS 嵌入版组态软件具有与通用组态软件一样强大的功能，并且操作简单，易学易用。

（2）MCGS 嵌入版组态软件的组成。MCGS 嵌入版生成的用户应用系统由主控窗口、设备窗口、用户窗口、实时数据库和运行策略 5 个部分构成，如图 6-43 所示。

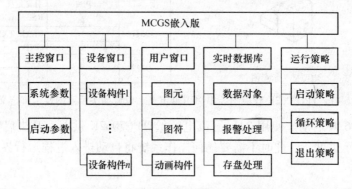

图 6-43　MCGS 嵌入版组态软件的组成图

主控窗口构造了应用系统的主框架，它确定了工业控制中工程作业的总体轮廓，以及运行流程、特性参数和启动特性等项内容，是应用系统的主框架。设备窗口是 MCGS 嵌入版系统与外部设备联系媒介，设备窗口专门用来放置不同类型和功能的设备构件，实现对外部设备的操作和控制。设备通过设备构件把外部设备的数据采集进来，送入实时数据库，或把实时数据库中的数据输出到外部设备。用户窗口实现了数据和流程的"可视化"，用户窗口中可以放置三种不同类型的图形对象：图元、图符和动画构件。通过在用户窗口内放置不同的图形对象，用户可以构造各种复杂的图形界面，用不同的方式实现数据和流程的"可视化"。实时数据库是 MCGS 嵌入版系统的核心，实时数据库相当于一个数据处理中心，同时也起到公共数据交换区的作用。从外部设备采集来的实时数据送入实时数据库，系统其他部分操作的数据也来自于实时数据库。运行策略是对系统运行流程实现有效控制的手段，运行策略本身是系统提供的一个框架，其里面放置由策略条件构件和策略构件组成的"策略行"，通过对运行策略的定义，使系统能够按照设定的顺序和条件操作任务，实现对外部设备工作过程的精确控制。

（3）嵌入式系统的体系结构。嵌入式组态软件的组态环境和模拟运行环境相对于一套完整的工具软件，可以在 PC 上运行。嵌入式组态软件的运行环境则是一个独立的运行系统，它按照组态工程中用户指定的方式进行各种处理，完成用户组态设计的目标和功能。运行环境本身没有任何意义，必须与组态工程一起作为一个整体，才能构成用户应用系统。一旦组态工作完成，并且将组态好的工程通过 USB 口下载到嵌入式一体化触摸屏的环境中，组态工程就可以离开组态环境而独立运行在 TOC 上。从而实现了控制系统的可靠性、实时性、确定性和安全性。TPC7062K 与组态计算机连接如图 6-44 所示。

将普通的 USB 线，一端为扁平接口，插到电脑的 USB 口；另一端为微型接口，插到 TPC 端的 USB2 口。

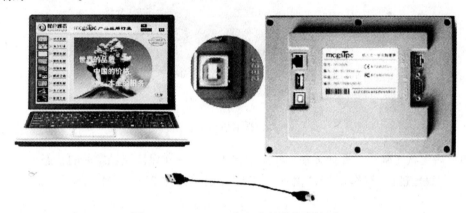

图 6-44　TPC7062K 与组态计算机连接图

6.4　输送单元的结构

6.4.1　输送单元的功能和结构

输送单元是 YL-335A 系统中最为重要同时也是承担任务最为繁重的工作单元。该单元主要完成驱动它的抓取机械手装置精确定位到指定单元的物料台，在物料台上抓取工件，把抓取到的工件输送到指定地点然后放下的功能。同时，该单元在 PPI 网络系统中担任着主站的角色，它接收来自按钮/指示灯模块的系统主令信号，读取网络上各从站的状态信息，加以综合后，向各从站发送控制要求，协调整个系统的工作。

输送单元由抓取机械手装置、步进电机传动组件、PLC 模块、按钮/指示灯模块和接线端子排等部件组成。

6.4.1.1　抓取机械手装置

抓取机械手装置是一个能实现四自由度运动（即升降、伸缩、气动手指夹紧/松开和沿垂直轴旋转的四维运动）的工作单元，该装置整体安装在步进电机传动组件的滑动溜板上，在传动组件带动下整体作直线往复运动，定位到其他各工作单元的物料台，然后完成抓取和放下工件的功能。图 6-45 是该装置实物图。

具体构成如下：

（1）气动手爪。双作用气缸由一个二位五通双向电控阀控制，带状态保持功能用于各个工作站抓物搬运。双向电控阀工作原理类似双稳态触发器即输出状态由输入状态决

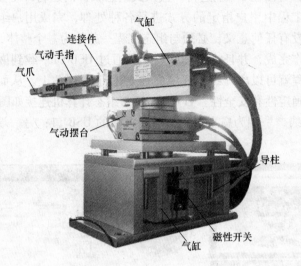

图 6-45 抓取机械手装置

定，如果输出状态确认了即使无输入状态双向电控阀一样保持被触发前的状态。

（2）双杆气缸。双作用气缸由一个二位五通单向电控阀控制，用于控制手爪伸出缩回。

（3）回转气缸。双作用气缸由一个二位五通单向电控阀控制，用于控制手臂正反向90°旋转，气缸旋转角度可以任意调节范围0°~180°，调节通过节流阀下方两颗固定缓冲器进行调整。

（4）提升气缸。双作用气缸由一个二位五通单向电控阀控制，用于整个机械手提升下降。

以上气缸运行速度快慢由进气口节流阀调整进气量进行速度调节。

6.4.1.2 步进电机传动组件

步进电机传动组件用以拖动抓取机械手装置作往复直线运动，完成精确定位的功能。图 6-46 是该组件的正视和俯视示意图。图中，抓取机械手装置已经安装在组件的滑动溜板上。

传动组件由步进电机、同步轮、同步带、直线导轨、滑动溜板、拖链和原点开关、左、右极限开关组成。

步进电机由步进电机驱动器驱动，通过同步轮和同步带带动滑动溜板沿直线导轨做往复直线运动，从而带动固定在滑动溜板上的抓取机械手装置做往复直线运动。

抓取机械手装置上所有气管和导线沿拖链敷设，进入线槽后分别连接到电磁阀组和接线端子排组件上。

原点开关用以提供直线运动的起始点信号。左、右极限开关则用以提供越程故障时的保护信号：当滑动溜板在运动中越过左或右极限位置时，极限开关会动作，从而向系统发出越程故障信号。

已经安装好的步进电机传动组件和抓取机械手装置如图 6-47 所示。

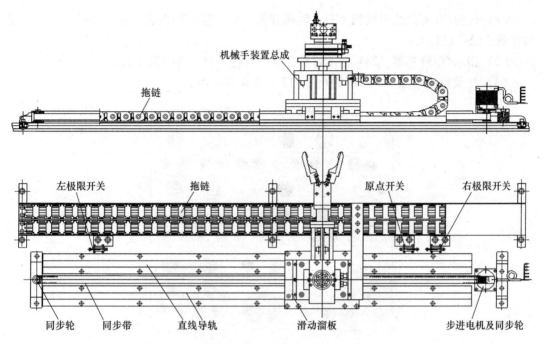

图 6-46 步进电机传动组件的正视和俯视示意图

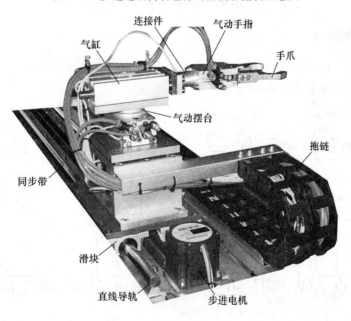

图 6-47 抓取机械手结构图

6.4.1.3 按钮/指示灯模块

该模块放置在抽屉式模块放置架上，模块上安装的所有元器件的引出线均连接到面板上的安全插孔，面板布置如图 6-48 所示。

按钮/指示灯模块内安装了按钮/开关，指示灯/蜂鸣器和开关稳压电源等三类元器件，具体如下：

（1）按钮/开关。急停按钮 1 只，转换开关 2 只，复位按钮黄、绿、红各 1 只，自锁按钮黄、绿、红各 1 只。

（2）指示灯/蜂鸣器。24V 指示灯黄、绿、红各 2 只，蜂鸣器 1 只。

（3）开关稳压电源。DC 24 V/6 A、12 V/2 A 各一组。

图 6-48　按钮/指示灯模块

6.4.2　气动控制回路

输送单元的抓取机械手装置上的所有气缸连接的气管沿拖链敷设，插接到电磁阀组上，其气动控制回路如图 6-49 所示。

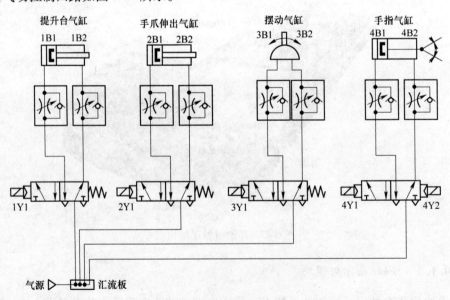

图 6-49　气动控制回路

在气动控制回路中，驱动气动手指气缸的电磁阀采用的是二位五通双电控电磁阀，电磁阀外形如图 6-50 所示。

双电控电磁阀与单电控电磁阀的区别在于：对于单电控电磁阀，在无电控信号时，阀芯在弹簧力的作用下会被复位；而对于双电控电磁阀，在两端都无电控信号时，阀芯的位置是取决于前一个电控信号。

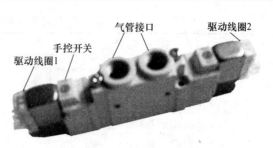

图 6-50　双电控气阀示意图

注意：双电控电磁阀的两个电控信号不能同时为"1"，即在控制过程中不允许两个线圈同时得电，否则，可能会造成电磁线圈烧毁，当然，在这种情况下阀芯的位置是不确定的。

6.4.3　输送单元电气控制

输送单元所需的 I/O 点较多。其中，输入信号包括来自按钮/指示灯模块的按钮、开关等主令信号，单元各构件的传感器信号等；输出信号包括输出到抓取机械手装置各电磁阀的控制信号和输出到步进电机驱动器的脉冲信号和驱动方向信号；此外还必须考虑在需要时输出信号到按钮/指示灯模块的指示灯、蜂鸣器等，以显示本单元或系统的工作状态。

由于需要输出驱动步进电机的高速脉冲，PLC 应采用晶体管输出型。

基于上述考虑，选用西门子 S7-226 DC/DC/DC 型 PLC，共 24 点输入，16 点晶体管输出。PLC 安装在模块盒中，如图 6-51 所示，I/O 地址分配见表 6-8。PLC 的引出线都连接面板上的安全插孔处。面板上每一输入插孔旁都设有一个钮子开关，该开关的 2 根引出线分别连接到 PLC 输入端的公共参考点和相应的输入点，开关扳到接通位置时，使该输入点 ON，可以用于程序调试。须注意的是，在调试后要把开关扳回 OFF 位置，以免影响正常程序的运行。

图 6-51　S7-226 PLC 模块面板

表 6-8　输送单元 PLC 的 I/O 信号表

输入信号			信号来源	输出信号			信号来源
序号	PLC 输入点	信号名称		序号	PLC 输出点	信号名称	
1	I0.0	物料台物料检测		1	Q0.0	夹紧电磁阀	
2	I0.1	物料台夹紧检测		2	Q0.1	料台伸缩电磁阀	
3	I0.2	物料台伸出到位		3	Q0.2	加工压头电磁阀	
4	I0.3	物料台缩回到位	按钮				装置侧
5	I0.4	加工压头上限					
6	I0.5	加工压头下限					
7	I0.6	急停按钮					
8	I0.7	启/停按钮					

　　输送单元 PLC 的输入端和输出端接线原理图分别如图 6-52 和图 6-53 所示。在接线图中输入端连接了一些开关和按钮，输出端连接了一些指示灯和蜂鸣器，仅仅是作为例子，实际接线时应按工作任务的需要加以考虑。

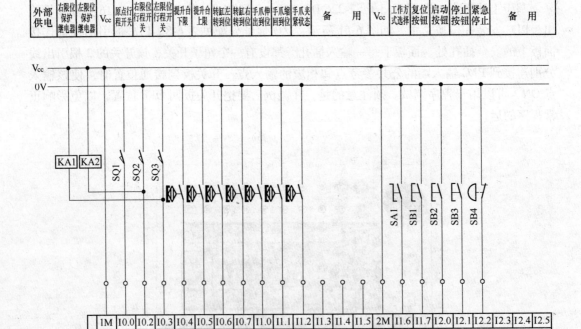

图 6-52　输送单元 PLC 的 I/O 接线原理图

　　由图 6-53 可见，PLC 输入点 I0.1 和 I0.2 分别与右、左极限开关 SQ2 和 SQ3 相连接，并且还与两个中间继电器 KA1 和 KA2 相连。当发生右越程故障时，右极限开关 SQ2 动作，其常开触点接通，I0.1 为 0V 电平，越程故障信号输入到 PLC，与此同时，继电器 KA1 动作，它的常闭触点将断开步进电机驱动器的脉冲输入回路，强制停止发出脉冲

（见图 6-53）。同样，KA2 也是在发生左越程故障时起强制停发脉冲的作用。

可见，继电器 KA1 和 KA2 的作用是硬连锁保护，目的是防范由于程序错误引起冲极限故障而造成设备损坏。

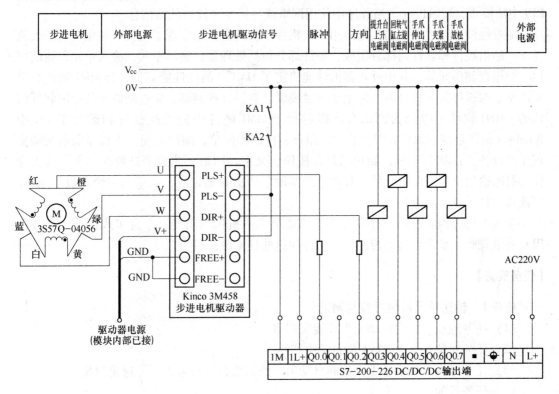

图 6-53　输送单元 PLC 的输出端接线原理图

输送单元的电气接线与其他单元不同，PLC 与按钮/指示灯/直流电源模块、步进电机驱动器模块间的接线是通过安全导线插接的，而 PLC 与该单元的传感器、气动电磁阀等的接线则是用安全导线插接到接线端子排上的安全插孔上，再由接线端子排引出的。同样，步进电机驱动器输出电源线、分拣单元变频器的输出线和控制端子引出线也是经接线端子排引出，此外，其他各工作单元的直流工作电源，也是由按钮/指示灯/直流电源模块提供，经接线端子排引到各单元上。

【学习小结】

步进电动机作为执行元件，是机电一体化的关键产品之一，广泛应用在各种自动化控制系统中。随着微电子和计算机技术的发展，步进电动机的需求量与日俱增，在国民经济各个领域都有应用。

SIMATIC S7-200 CPU22X 系列 PLC 还没有高速脉冲输出，输出频率可达 20kHz，用于 PTO（输出一个频率可调，占空比为 50% 的脉冲）和 PWM（输出占空比可调的脉冲），高速脉冲输出的功能可用于对电动机进行速度控制及位置控制和控制变频器使电动机调速。

串行通信是工业现场常用的方式，S7-200PLC 的通信端口物理上是一个 RS-485 端口，默认的通信软件协议为 PPI，用户在使用网络读写命令和向导程序时，必须注意两个或多个通信的 PLC 之间通信参数设置一致，在主从模式下只能有一个主站。

PPI 是一种主-从协议通信，主-从站在一个令牌环网中，主站发送要求到从站，从站响应；从站不发信息，只是等待主站的要求并对要求做出响应。如果在用户程序中使能 PPI 主站模式，就可以在主站程序中使用网络读写指令来读写从站信息。

随着触摸屏在工业中的广泛应用，人机界面及组态技术实现了人机可视化交互。人机界面产品由硬件和软件两部分组成，硬件部分包括处理器、显示单元、输入单元、通信接口、数据存储单元等，其中处理器的性能决定了 HMI 产品的性能高低，是 HMI 的核心单元。基于触摸屏的人机界面实际上是由触摸屏、触摸屏控制器、微控制器及其相应软件构成的。HMI 软件一般分为两部分，即运行于 HMI 硬件中的系统软件和运行于 PC 中 Windows 操作系统下的画面组态软件，组态软件编程简单，维护方便。人机界面系统能实现生产设备工作状态显示，如指示灯、按钮、文字、图形、曲线等；数据、文字输入操作，打印输出；生产配方存储，设备生产实时、历史数据记录；简单的逻辑和数值运算；可连接多种工业控制设备组网。

学习本部分内容时应通过训练熟悉输送单元的机构与功能，亲身实践自动生产线的 PLC 对电磁阀、步进电机等控制技术，并使这些技术融会贯通。

【任务实施】

任务 1　输送单元机械拆装与调试

（1）任务地点：校内自动化生产线实训室。

（2）任务对象：亚龙 335A 型自动生产线。

（3）任务分组：依据学生人数和自动生产线的数目进行分组，并选定组长。

（4）任务目的：

1）锻炼和培养学生的动手能力。

2）加深对各类机械部件的了解，掌握其机械的结构。

3）巩固和加强机械制图课程的理论知识，为机械设计、专业课等后续课程的学习奠定必要的基础。

4）掌握机械总成、各零部件及其相互间的连接关系、拆装方法和步骤及注意事项。

5）锻炼动手能力，学习拆装方法和正确地使用常用机、工、量具和专门工具。

6）熟悉和掌握安全操作常识，零部件拆装后的正确放置、分类及清洗方法，培养文明生产的良好习惯。

7）通过电脑制图，绘制单个零部件图。

（5）任务内容：

1）识别各种工具，掌握正确使用方法。

2）拆卸、组装各机械零部件、控制部件，如气缸、电动机、转盘、过滤器、PLC、开关电源、按钮等。

3）装配所有的零部件，装配到位，密封良好，转动自如。

注：在拆卸零件的过程中整体的零件不允许破坏性拆开，如气缸、丝杆副等。

（6）拆装要求：

具体拆卸与组装，先外部后内部，先部件后零件，按装配工艺顺序进行。拆卸的零件按顺序摆放，进行必要的记录、擦洗和清理。装配时按顺序进行，要一次安装到位。每个学生都要动手（注意：先拆的后装、后拆的先装）。

（7）实施步骤：

1）拆卸。

工作台面：

① 准备各种拆卸工具，熟悉工具的正确使用方法。

② 了解所拆卸的机器主要结构，分析和确定主要拆卸内容。

③ 端盖、压盖、外壳类拆卸；接管、支架、辅助件拆卸。

④ 内部辅助件及其他零部件拆卸、清洗。

⑤ 各零部件分类、清洗、记录等。

元器件及连接线：

① 准备各种拆卸工具，熟悉工具的正确使用方法。

② 了解所拆卸的器件主要分布，分析和确定主要拆卸内容。

③ PLC、空气开关、熔断丝座、I/O 接口板、转接端子及端盖、开关电源、导轨拆卸。

④ 各元器件分类、注意元器件的分布结构、记录等。

2）组装。

① 安装支架、运输带定位、整体安装。

② 传感器支架、气缸、支架安装。

③ 2 个气缸。

④ 料槽安装，根据气缸位置调整，一般与料槽支架两边平衡。

⑤ 电机安装。

⑥ 装调位置，先拆后装，气缸调整到料槽中间。

3）输送单元机械拆装任务书，表 6-9~表 6-11 为实训相关表格。

表 6-9 培训项目工作计划表

项目执行进度单		项目名称	项目执行人	编号
		输送单元的拆装		
班级名称		开始时间	结束时间	总学时
班级人数				180min

项目执行进度

序号	内　容	方　式	时间分配
1	根据实际情况调整小组成员，布置实训任务	教师安排	5min
2	小组讨论、查找资料，根据生产线的工作站单元总图、气动回路原理图、安装接线图，列出单元机械组成、各零件数量、型号等	学员为主，教师点评	20min
3	准备各种拆卸工具，熟悉工具的正确使用方法	学员，器材管理员	10min
4	了解所拆卸的机器主要结构，分析和确定主要拆卸内容	学员为主，教师指导	10min
5	端盖、压盖、外壳类拆卸；接管、支架、辅助件拆卸；内部辅助件及其他零部件拆卸、清洗	学员为主，教师指导	45min
6	参考总图，理清组装顺序，检测是否有未装零件，检查组装是否合理、正确和适度	学员为主，互相检查	45min

续表 6-9

序号	内　　容	方　式	时间分配
7	拆装过程中，做好各零部件分类、清洗、记录等	学员为主，教师指导	15min
8	组装过程中，在教师指导下，解决碰到的问题，并鼓励学生互相讨论，自己解决	学员为主，教师引导	10min
9	小组成员交叉检查并填写实习实训项目检查单	学员为主	10min
10	教师给学员评分	教师评定	10min
执行人签名	教师签名	专业组长签名	

表 6-10　培训项目设备、工具、耗材准备单

项目设备、工具、耗材	项目名称	项目执行人	编号
准备单	输送单元的拆装		
班级名称		开始时间	结束时间
班级人数			

项目设备、工具

类型	序号	名　　称	型　　号	数量	备　注
设备	1	自动生产线实训装置	YL-335A 型	3 台	每个工作站安排 4 人
工具	1	数字万用表	9205	1 块	实验实训教研室
	2	十字螺丝刀	8寸、4寸	2 把	
	3	一字螺丝刀	8寸、4寸	2 把	
	4	镊子		1 把	
	5	尖嘴钳	6寸	1 把	
	6	扳手			
	7	内六角扳手		1 套	
执行人签名	教师签名		专业组长签名		

表 6-11　培训项目检查单

项目名称		项目指导教师	编号
输送单元的拆装			
班级名称	检查人	检查时间	检查评价
检查内容	检查要点	评　价	
参与查找资料，掌握生产线的工作站单元总图、气动回路原理图、安装接线图	能读懂图并且速度快		
列出单元机械组成、各零件数量、型号等	名称正确，了解结构		
工具摆放整齐	在操作中按照文明规范的要求		

检查内容	检查要点	评价
工具的使用	识别各种工具，掌握正确使用方法	
拆卸、组装各机械零部件、控制部件	熟悉和掌握安全操作常识，零部件拆装后的正确放置、分类及清洗方法	
装配所有零部件	检查是否有未装零件，检查组装是否合理、正确和适度	
调试时操作顺序	机械部件状态（如运动时是否干涉，连接是否松动）正确和可靠气管连接	
调试成功	工作站各机械能正确完成工作，装配到位，密封良好，转动自如	
拆装出现故障	排除故障的能力以及对待故障的态度	
与小组成员合作情况	能否与其他同学和睦相处，团结互助	
遵守纪律方面	按时上、下课，不中退	
地面、操作台干净	接线完毕后能清理现场的垃圾	
小组意见		
教师审核		
被检查人签名	教师评定	教师签名

任务 2　输送单元电气控制拆装与调试

子任务 1　电气控制线路的分析和拆装

（1）任务地点：校内自动化生产线实训室。

（2）任务对象：YL-335A 型自动生产线。

（3）任务分组：依据学生人数和自动生产线的数目进行分组，并选定组长。

（4）任务目的：

1）掌握电路的基础知识、注意事项和基本操作方法。

2）能正确使用常用接线工具。

3）能正确使用常用测量工具（如万用表）

4）掌握电路布线技术。

5）能安装和维修各个电路。

6）掌握 PLC 外围直流控制及交流负载线路的接法及注意事项。

（5）实施步骤：

1）根据原理图、气动原理图绘制接线图，可参考实训台上的接线。

2）按绘制好的接线图，研究走线方法，并进行板前明线、布线和套编码管。

3）根据绘制好的接线图，完成实训台台面、网孔板的接线，经教师检查后，通电可进行下一步工作。

4）参考图纸如图 6-53 所示。

输送单元的电气接线与其他单元不同，PLC 与按钮/指示灯/直流电源模块、步进电机驱动器模块间的接线是通过安全导线插接的，而 PLC 与该单元的传感器、气动电磁阀等的接线则是用安全导线插接到接线端子排上的安全插孔上，再由接线端子排引出的。同样，步进电机驱动器输出电源线、分拣单元变频器的输出线和控制端子引出线也是经接线端子排引出，此外，其他各工作单元的直流工作电源，也是由按钮/指示灯/直流电源模块提供，经接线端子排引到各单元上。

接线端子排的接线表见表6-12。

表6-12　接线端子排的接线表

序号	端子排侧	PLC 侧	序号	端子排侧	PLC 侧	序号	端子排侧	PLC 侧
1	电机 PE		22	提升台下限+	I0.4	42	右限位继电器线圈+	+24
2			23	提升台下限-	0V	43	右限位继电器线圈-	I0.2
3	电机 W		24	提升台上限+	I0.5	44	左限位继电器线圈+	+24
4	电机 U		25	提升台上限-	0V	45	左限位继电器线圈-	I0.3
5	电机 V		26	转缸左转到位+	I0.6	46	右限位继电器触点+	
6			27	转缸左转到位-	0V	47	右限位继电器触点-	
7	变频器 9		28	转缸右转到位+	I0.7	48	左限位继电器触点+	见原理图
8	变频器 5		29	转缸右转到位-	0V	49	左限位继电器触点-	
9			30	手爪伸出到位+	I1.0	50		
10	提升台上升电磁阀+	Q0.3	31	手爪伸出到位-	0V	51		
11	提升台上升电磁阀-	0V	32	手爪缩回到位+	I1.1			
12	回转气缸左旋电磁阀+	Q0.4	33	手爪缩回到位-	0V	70	+24V	来自按钮模块
13	回转气缸左旋电磁阀-	0V	34	手爪夹紧状态+	I1.2	71	0V	
14	手爪伸出电磁阀+	Q0.5	35	手爪夹紧状态-	0V			
15	手爪伸出电磁阀-	0V	36	原点行程开关+	I0.0	79	步进电机 绿	
16	手爪夹紧电磁阀+	Q0.6	37	原点行程开关-	0V	80	步进电机 黄	
17	手爪夹紧电磁阀-	0V	38	右限位行程开关+	I0.2	81	步进电机 红	见原理图
18	手爪放松电磁阀+	Q0.7	39	右限位行程开关-	0V	82	步进电机 银	
19	手爪放松电磁阀-	0V	40	左限位行程开关+	I0.3	83	步进电机 白	
20			41	左限位行程开关-	0V	84	步进电机 蓝	

子任务 2　输送站程序设计

（1）任务地点：校内自动化生产线实训室。

（2）任务对象：

1）YL-335A 型自动生产线。

2）安装有 Windows 操作系统的 PC 机一台（具有 STEP7 MICROWIN 软件）。

3）PLC（西门子 S7-200 系列）一台。

4）PC 与 PLC 的通信电缆一根（PC/PPI）。

（3）任务分组：依据学生人数和自动生产线的数目进行分组，并选定组长。

（4）供料站程序设计：

1）工艺流程。

① 输送单元在通电后，按下复位按钮 SB1，执行复位操作，使抓取机械手装置回到原点位置。在复位过程中，"正常工作"指示灯 HL1 以 1Hz 的频率闪烁。

当抓取机械手装置回到原点位置，且输送单元各个气缸满足初始位置的要求，则复位完成，"正常工作"指示灯 HL1 常亮。按下启动按钮 SB2，设备启动，"设备运行"指示灯 HL2 也常亮，开始功能测试过程。

② 输送抓取机械手装置从供料站出料台抓取工件，抓取的顺序：手臂伸出→手爪夹紧抓取工件→提升台上升→手臂缩回。

③ 抓取动作完成后，伺服电机驱动机械手装置向加工站移动，移动速度不小于 300mm/s。

④ 机械手装置移动到加工站物料台的正前方后，即把工件放到加工站物料台上。抓取机械手装置在加工站放下工件的顺序：手臂伸出→提升台下降→手爪松开放下工件→手臂缩回。

⑤ 放下工件动作完成 2s 后，抓取机械手装置执行抓取装配站工件的操作。抓取的顺序与供料站抓取工件的顺序相同。

⑥ 抓取动作完成后，伺服电机驱动机械手装置移动到装配站物料台的正前方，然后把工件放到装配站物料台上。其动作顺序与加工站放下工件的顺序相同。

⑦ 放下工件动作完成 2s 后，抓取机械手装置执行抓取装配站工件的操作。抓取的顺序与供料站抓取工件的顺序相同。

⑧ 机械手手臂缩回后，摆台逆时针旋转 90°，伺服电动机驱动机械手装置从装配站向分拣站运送工件，到达分拣站传送带上方入料口后把工件放下，动作顺序与加工站放下工件的顺序相同。

⑨ 放下工件动作完成后，机械手手臂缩回，然后执行返回原点的操作。伺服电动机驱动机械手装置以 400mm/s 的速度返回，返回 900mm 后，摆台顺时针旋转 90°，然后以 100mm/s 的速度低速返回原点停止。

当抓取机械手装置返回原点后，一个测试周期结束。当供料单元的出料台上放置了工件时，再按一次启动按钮 SB2，开始新一轮的测试。

要编写满足控制要求、满足安全要求的控制程序，首先要了解设备的基本结构；其次要了解清楚各个执行结构之间的准确动作关系，即了解清楚生产工艺；同时还要考虑安全、效率等因素；最后才是通过编程实现控制功能。控制工艺流程如图 6-54 所示。

2）输送站程序。输送站的控制程序，应包括如下功能：

① 处理来自按钮/指示灯模块的主令信号和各从站的状态反馈信号，产生系统的控制信号，通过网络读写指令，向各从站发出控制命令。

② 实现本工作站的工艺任务，包括步进电机的定位控制和机械手装置的抓取、放下工件的控制。

③ 处理运行中途停车后（如掉电、紧急停止等），复位到原点的操作。

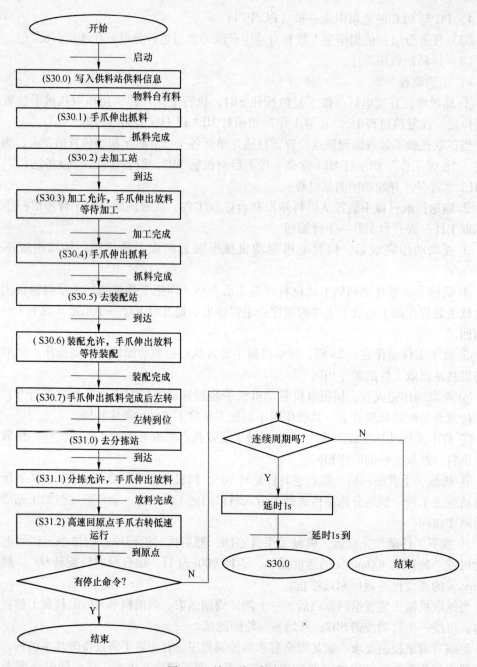

图 6-54　输送单元控制流程

　　上述功能可通过编写相应的子程序，在主程序中调用实现，图 6-55 给出了输送站主程序的梯形图。

　　图 6-55 中，网络读写子程序是借助 STEP7 V4.0 软件的指令导向生成的项目组件，在 PLC 的每一个扫描周期调用这个子程序，完成网络读写功能。NET_ EXE 的 2 个输出参数 Cycle 和 Error 分别传送到位元件 M14.0 和 M14.1，当网络正常读写时，M14.0 ON，通信错误时 Error ON。

　　启/停子程序清单如图 6-56 所示。

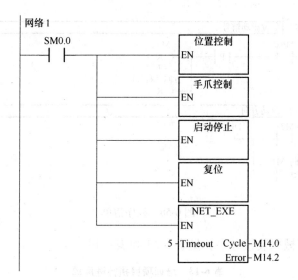

图 6-55 输送站主程序的梯形图

输送站的工艺控制，分为步进电机的定位控制子程序和机械手装置的抓取、放下工件的控制子程序。这两个子程序的编程思路和程序清单分述如下：

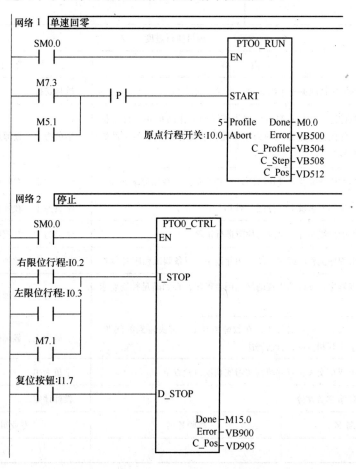

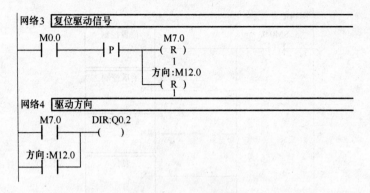

图 6-56　程序清单

3) 输送单元机械拆装任务书，见表 6-13 和表 6-14。

表 6-13　培训项目执行进度单

项目执行进度单		项目名称	项目执行人	编号
		输送单元的拆装		
班级名称		开始时间	结束时间	总学时
班级人数				180min

项目执行进度

序号	内　　容	方　　式	时间分配
1	根据实际情况调整小组成员，布置实训任务	教师安排	5min
2	小组讨论、查找资料，根据生产线的工作站单元硬件连接图、软件控制电路原理图列出单元控制部分组成、各元件数量、型号等	学员为主，教师点评	10min
3	根据 I/O 分配及硬件连线图，对 PLC 的外部线路完成连接	学员为主，教师点评	10min
4	根据控制要求及 I/O 分配，对 PLC 进行编程	学员为主，教师指导	45min
5	检查硬件线路并对出现的故障进行排除	学员为主，互相检查	45min
6	画出程序流程图或顺序功能图并记录。以备调试程序时参考	学员为主，教师指导	20min
7	检查程序，并根据出现的问题调整程序，直到满足控制要求为止	学员为主，教师指导	15min
8	硬件及软件实训过程中，在教师指导下，解决碰到的问题，鼓励学生互相讨论，自己解决	学员为主，教师引导	10min
9	小组成员交叉检查并填写实习实训项目检查单	学员为主	10min
10	教师给学员评分	教师评定	10min
执行人签名	教师签名	专业组长签名	

表 6-14 培训项目检查单

项 目 名 称		项目指导教师	编号
输送单元的拆装			
班级名称	检查人	检查时间	检查评价
检查内容	检查要点	评 价	
参与查找资料，掌握生产线的工作站单元硬件连接图、I/O 分配原理图、程序流程图	能读懂图并且速度快		
列出单元 PLC I/O 分配、各元件数量、型号等	名称正确，和实际的一一对应		
工具摆放整齐	在操作中按照文明规范的要求		
万用表等工具的使用	识别各种工具，掌握正确使用方法		
传感器等控制部件的正确安装	熟悉和掌握安全操作常识，零元件安装后的正确放置、连线及测试方法		
装配所有元件后，通电联调	检查是否能正确动作，对出现的故障能否排除		
调试程序时的操作顺序	是否有程序流程图，调试是否有记录以及故障的排除		
调试成功	各工作站能分别正确完成工作，运行良好		
硬件及软件出现故障	排除故障的能力以及对待故障的态度		
与小组成员合作情况	能否与其他同学和睦相处，团结互助		
遵守纪律方面	按时上、下课，不中退		
地面、操作台干净	接线完毕后能清理现场的垃圾		
小组意见			
教师审核			
被检查人签名	教师评定	教师签名	

任务3 输送单元的调试及故障排除

（1）任务地点：校内自动化生产线实训室。

（2）任务对象：YL-335A 型自动生产线。

（3）任务分组：依据学生人数和自动生产线的数目进行分组，并选定组长。

（4）任务目的：

1）掌握输送单元的调试方法。

2）掌握输送单元的故障诊断方法。

（5）实施步骤：在机械拆装以及电气控制电路的拆装过程中，应进一步了解掌握设备调试的方法、技巧及注意点，培养严谨的作风，需做到以下几点：

1）掌握所用工具的摆放位置及使用方法。

2）了解所用各部分器件的好坏及归零方法。

3）注意各机械设备的配合动作及电动机的平衡运行。

4）电气控制电路的拆装过程中，必须认真检查线路的连接。重点检查电源线的走向。

5）在程序下载前，必须认真检查。重点检查各个执行机构之间是否会发生冲突；如有冲突，应立即停下，严谨认真分析原因（机械、电气、程序等）并及时排除故障，以免损害设备。

6）调试运行。在编写、传输、调试程序的过程中，能进一步了解掌握设备调试的方法、技巧及注意点，培养严谨的作风。

同学们可根据表 6-15 进行记录。

表 6-15　调试运行记录表

观察项目 结果 操作步骤	旋转缸	气爪	提升缸	伸出缸	气爪磁性开关	伸出气缸 磁性开关		旋转气缸 磁性开关		提升气缸 磁性开关
								0°	90°	

可用表 6-16 对输送单元的安装与调试进行评分。

表 6-16　总评分表

评　分　表　学年		工　作　形　式 □个人　　□小组分工　　□小组		实际工作时间
项目训练	训练内容	训练要求	学生自评	教师评分
输送单元	1. 工作计划与图纸 （20分） 工作计划 材料清单 气路图 电路图 程序清单	电路绘制有错误，每处扣0.5分；机械手装置运动的限位保护没有设置或绘制有错误，扣1.5分；主电路绘制有错误，每处扣0.5分；电路符号不规范，每处扣0.5分，最多扣2分		
	2. 部件安装与连接 （20分）	装配未能完成，扣2.5分；装配完成，但有紧固件松动现象，扣1分		
	3. 连接工艺（20分） 电路连接工艺 气路连接工艺 机械安装及装配工艺	端子连接，插针压接不牢或超过2根导线，每处扣0.5分，端子连接处没有线号，每处扣0.5分，两项最多扣3分；电路接线没有绑扎或电路线凌乱，扣2分；机械手装置运动的限位保护未接线或接线错误，扣1.5分；气路连接未完成或有错，每处扣2分；气路连接有漏气现象，每处扣1分，气缸节流阀调整不当，每处扣1分；气管没有绑扎或气路连接凌乱，扣2分		
	4. 测试与功能 （30分） 夹料功能 送料功能 整个装置全面检测	启动/停止方式不按控制要求，扣1分；运动测试不满足要求，每处扣0.5分；工件送料测试，但推出位置明显偏差，每处扣0.5分		
	5. 职业素养与安全意识（10分）	现场操作安全保护符号安全操作规程；工具摆放、包装物品、导线线头等的处理符合职业岗位的要求；团队有分工、有合作，配合紧密；遵守纪律，尊重教师，爱惜设备和器材，保持工位的整洁		

【任务小结】

（1）通过训练，大家熟悉了输送单元的结构，亲身实践、了解气动控制技术、传感器技术、PLC控制技术的应用，并且在一个单元中将它们有机地融合在一起，体现了机电一体化控制技术的实现应用。

（2）掌握工程工作方法，并培养严谨的工作作风。

【思考与训练】

（1）如果滑块连续动作是什么原因？怎么办？

（2）认真执行培训项目执行进度记录，归纳输送单元PLC控制调试中的故障原因及排除故障的思路。

参 考 文 献

［1］吕景泉．自动化生产线安装与调试［M］．北京：中国铁道出版社，2009．

［2］张玉莲．传感器与自动检测技术［M］．北京：机械工业出版社，2012．

［3］童泽．自动生产线的拆装与调试［M］．北京：电子工业出版社，2011．

［4］何用辉．自动化生产线安装与调试［M］．北京：机械工业出版社，2013．

［5］邱士安，胥宏．机电一体化技术［M］．西安：西安电子科技大学出版社，2004．

［6］赵先仲．机电一体化系统［M］．北京：高等教育出版社，2010．

［7］西门子公司．SIMATIC S7-200 可编程序控制器系统手册．2005．

［8］西门子公司．西门子变频调速器 MM420 使用手册．

［9］田淑珍．电机与电气控制技术［M］．北京：机械工业出版社，2009．

［10］黄志昌．自动化生产设备原理及应用［M］．北京：电子工业出版社，2007．

［11］孙兵．气液动控制技术［M］．北京：科学出版社，2008．

［12］吴中俊，等．可编程序控制器原理及应用［M］．北京：机械工业出版社，2005．

［13］廖常初．PLC 编程及应用［M］．北京：机械工业出版社，2008．

［14］鲍风雨．典型自动化设备及生产线应用与维护［M］．北京：机械工业出版社，2004．

［15］徐建俊．电机与电气控制项目教材［M］．北京：机械工业出版社，2008．

冶金工业出版社部分图书推荐

书　名	作　者	定价(元)
现代企业管理（第2版）（高职高专教材）	李　鹰	42.00
Pro/Engineer Wildfire 4.0（中文版）钣金设计与焊接设计教程（高职高专教材）	王新江	40.00
Pro/Engineer Wildfire 4.0（中文版）钣金设计与焊接设计教程实训指导（高职高专教材）	王新江	25.00
应用心理学基础（高职高专教材）	许丽遐	40.00
建筑力学（高职高专教材）	王　铁	38.00
建筑CAD（高职高专教材）	田春德	28.00
冶金生产计算机控制（高职高专教材）	郭爱民	30.00
冶金过程检测与控制（第3版）（高职高专教材）	郭爱民	48.00
天车工培训教程（高职高专教材）	时彦林	33.00
机械制图（高职高专教材）	阎　霞	30.00
机械制图习题集（高职高专教材）	阎　霞	28.00
冶金通用机械与冶炼设备（第2版）（高职高专教材）	王庆春	56.00
矿山提升与运输（第2版）（高职高专教材）	陈国山	39.00
高职院校学生职业安全教育（高职高专教材）	邹红艳	22.00
煤矿安全监测监控技术实训指导（高职高专教材）	姚向荣	22.00
冶金企业安全生产与环境保护（高职高专教材）	贾继华	29.00
液压气动技术与实践（高职高专教材）	胡运林	39.00
数控技术与应用（高职高专教材）	胡运林	32.00
洁净煤技术（高职高专教材）	李桂芬	30.00
单片机及其控制技术（高职高专教材）	吴　南	35.00
焊接技能实训（高职高专教材）	任晓光	39.00
心理健康教育（中职教材）	郭兴民	22.00
起重与运输机械（高等学校教材）	纪　宏	35.00
控制工程基础（高等学校教材）	王晓梅	24.00
固体废物处置与处理（本科教材）	王　黎	34.00
环境工程学（本科教材）	罗　琳	39.00
机械优化设计方法（第4版）	陈立周	42.00
自动检测和过程控制（第4版）（本科国规教材）	刘玉长	50.00
金属材料工程认识实习指导书（本科教材）	张景进	15.00
电工与电子技术（第2版）（本科教材）	荣西林	49.00
计算机网络实验教程（本科教材）	白　淳	26.00
FORGE塑性成型有限元模拟教程（本科教材）	黄东男	32.00